美国海军网络中心战信息安全

Information Assurance for Network-Centric Naval Forces

National Research Council
of The National Academies 著

龚 立　彭鹏菲　吴清怡　译

国防工业出版社
National Defense Industry Press

著作权合同登记　图字：军 –2015 –163 号

图书在版编目（CIP）数据

美国海军网络中心战信息安全/美国国家研究委员会著; 龚立, 彭鹏菲, 吴清怡译.
-- 北京: 国防工业出版社, 2016. 5
（国防科技著作精品译丛）
书名原文: Information Assurance for Network-Centric Naval Forces
ISBN 978-7-118-10629-9

Ⅰ.①美… Ⅱ.①美… ②龚… ③彭… ④吴… Ⅲ.①计算机网络—应用—军事技术—
安全技术—研究—美国 Ⅳ.①E919

中国版本图书馆 CIP 数据核字（2016）第 100674 号

美国海军网络中心战信息安全
National Research Council of The National Academies　著
龚　立　彭鹏菲　吴清怡　译

出版发行　　国防工业出版社
地址邮编　　北京市海淀区紫竹院南路 23 号　　100048
经　　售　　新华书店
印　　刷　　北京嘉恒彩色印刷有限责任公司
开　　本　　710×1000　1/16
印　　张　　11½
字　　数　　177 千字
版 印 次　　2016 年 5 月第 1 版第 1 次印刷
印　　数　　1—2000 册
定　　价　　88.00 元

(本书如有印装错误，我社负责调换)

国防书店: (010) 88540777　发行邮购: (010) 88540776

发行传真: (010) 88540755　发行业务: (010) 88540717

译者序

　　网络战是为干扰、破坏敌方网络信息系统，并保证己方网络信息系统的正常运行而采取的一系列网络攻防行动，是在整个网络空间上所进行的各类信息攻防作战的总称。网络战正在成为高技术战争的一种日益重要的作战样式，它可以兵不血刃地破坏敌方的指挥控制、情报信息和防空等军用网络系统，甚至可以悄无声息地破坏、瘫痪、控制敌方的商务、政务等民用网络系统，做到不战而屈人之兵。网络战的出现是信息战争的一个根本性标志，在信息战争中处于特殊的地位，发挥着特殊的作用。

　　网络战也有狭义和广义之分。狭义网络战是指利用病毒、远程控制等技术手段旨在攻击、破坏、干扰敌军战场信息网络和防护己方信息网络的作战行动。广义网络战类似于美军 1998 年提出的"网络中心战"，它是指将军队的所有侦察探测系统、通信联络系统、指挥控制系统和各种武器装备，组成一个以计算机为中心的网络体系，各级部队与人员利用该网络体系了解战场态势、交流作战信息、指挥与实施作战行动的作战样式。通过各作战单元的网络化，能把信息优势变为作战行动优势，使各分散配置的部队共同感知战场态势，从而协调行动，发挥出最大的作战效能。反之，由于其拥有重大的战略意义，在获得战场优势的同时，也会使之成为敌方攻击的要害。所以，应就网络战的信息安全问题进行有效的防御和保障。

　　针对海军，在未来海战中，各种军用信息系统以及由计算机控制的各种高技术武器系统，必将成为信息战争的重点攻击对象。同时，其自身的脆弱性也决定了它们必将成为信息战争中最容易受到打击的对象。因此，网络战对海军作战指挥的影响极大，保障海军网络战的信息安全，提前对其可能面临的威胁、漏洞进行评估和预防，将是未来海战场中的重中之重。

我国海军在此方面起步较晚，信息安全系统比较脆弱，极易遭到破坏，且没有完善的组织结构和有效的管理办法，而美国海军早在 2008 年在海军研究委员会的支持下成立了网络中心海军作战信息安全委员会，针对信息安全问题提出了具体的职责分配、措施策略，我国海军可对此进行了解、借鉴。

本书针对上述内容从海军网络中心战信息安全当前面临的网络威胁、防御措施、作战期间威胁、应对威胁和信息安全需求的技术建议、威胁的风险分析和组织结构六个方面为美国海军网络战的信息安全做了详细的介绍，并提出了切实可行的建议。通过本书，可对美国海军当前网络战的信息安全有一个全面的了解，也可对我国海军网络战信息安全系统的建立起到借鉴的作用。

衷心希望读者能够通过本书的阅读更好地了解现代海军网络战信息安全的重要意义，为我国海军的网络安全、现代化建设服务。此外，本书在翻译过程中不当之处在所难免，恳请读者批评指正。

译者
2016 年 2 月于武汉

前言

　　早在海军领导人开始明确提出网络中心战的概念之前①，美国海军已通过将分散在不同位置的武器与传感器进行集成来完成任务。例如，20世纪中期，反潜作战行动中便使用了远程传感器。但远程传感器的缺点是传感精度非常低，这意味着需要一个空中平台以便部署短程高精度传感器以提高捕获目标的能力。随着计算和通信能力的飞速发展，目前，网络中心战已涉及更加广泛的领域，演变为一种涵盖了和平和战争时期的所有军事行为的新型网络中心行动。近年来，网络中心战被定义为"利用最先进的信息和网络技术将分散的决策人员、环境与定位传感器以及部队与武器集成到一个高度自适应的综合体系中，从而获取决定性作战优势的军事行动"。②

　　网络中心战的一个关键属性是在一个具有较强灵活性和适应性的指挥关系体系中，拥有可靠、稳定地支持各级军事指挥官灵活、快速地做出决策的能力。毫无疑问，基于这一属性，网络中心战必须确保准确信息能以及时、可靠的方式被安全地收集、分发和存储，而不被敌方干扰、破坏或利用③。确保这种性能意味着不仅仅要保护信息本身，同时还要兼顾保护网络信息的基础设施。事实上，美国国防部 (the Department of Defense, DoD) 2006年发布的《四年防务评估报告》，已明确强调了网络中心战中信息安全 (Information Assurance, IA) 深刻的重要性："完全发挥网络中心的潜能需要兼顾共享企业资源和保护武器系统信息。"④ 更重要的是，越来越多的人认识到，网络中心战本身的性质——所有人与事物之间的相互联系，导致许多威胁和漏洞的存在，这些潜在的有害入口和路径易被敌方利用从而进行信息攻击。

事实上，国内外零散的黑客对公共商业因特网栅格的破坏所造成的影响几乎无处不在。例如，2006 年发生在美国海军军事学院的计算机攻击迫使该学校因特网关闭⑤。同时，敌对民族和国家对美国计算、通信资源以及基础设施的联合攻击所产生的影响，不仅范围逐渐扩大，而且越来越有可能随时爆发。导致出现这一形势的一个关键性问题是安全漏洞百出的商业化现有技术的大量应用。而将同类信息系统基础设施作为目标的网络攻击日益增多，令这一趋势更加复杂和严峻。这一现实给信息安全带来的威胁日益严峻。

近年来，美国海军部 (the Department of the Navy, DoN) 建立了专属的 "部队网" (FORCEnet) 的构想，作为海军实现网络中心战的途径⑥。这一构想提出了一个包含了整个海军力量的能力、体系结构和理念在内的作战视图，该作战视图严重依赖于海军信息基础设施的安全性和可靠性。同时，海军部队网构想和构成海军作战力量的各个系统与整个国防部单位的相关信息系统和网络高度集中，并受其影响。本书旨在介绍以网络为中心的海军力量部队网作战构想，更清晰地认识到信息安全面临的日益增长的威胁，以及更好地理解和掌握诸多信息安全问题和海军乃至整个国防部对部队网的影响。本书的一个基本前提是，在国防部和海军部的部队网/网络中心体系中，信息安全不被看作一个孤立的主体，不应当将信息安全独立出实际的作战行动而孤立看待，将信息安全仅仅视为确保设置正确的密码，安装防火墙和应用软件补丁。由于行动成功是信息安全的最终目标和衡量标准，作为一个行动成功的关键要求，信息安全必须融合更广泛的行动思维。信息安全失败将不可避免地对海军完成任务的能力产生极大的负面影响。

职权范围

美国海军作战部长 (ADM) Gary Roughead 在 2007 年 12 月 7 日写给美国国家科学院主席 Ralph J. Cicerone 博士的一封信中，请求国家研究委员会 (the National Research Council, NRC) 的海军研究委员会 (Naval Studies Board, NSB) 就美国海军信息安全问题进行一次深入全面的研究。这次研究的目的是审查和解决特定的海军网络中心作战关键信息安全问题，包括漏洞和海军可能采取的潜在补救措施。⑦⑧

　　鉴于此, 在海军研究委员会的支持下, 美国国家研究委员会于 2008 年 2 月成立了网络中心海军作战信息安全委员会 (以下简称委员会)⑨。经海军作战部全体参谋长会同海军研究委员会主席和主任商定, 委员会的职责范围是负责在长达 12 个月的时间内, 提交两份报告。

　　首先, 在委员会第二次全体会议后, 委员会要提交一份信函报告, 报告包含以下内容:

- 总结海军网络战/部队网企业实施过程中的关键信息安全措施;⑩
- 就近期海军网络中心信息安全需求提出建议;
- 确定海军应当利用的与国防相关的工作并保证兼容性。

　　然后, 继信函报告之后, 委员会按照要求提交一份全面的最终报告。这份最终报告涵盖了授权调查的所有条款。2008 年 11 月, 委员会按要求向海军作战部长提交通信报告, 并介绍和讨论了许多直接的信息安全问题。委员会提交的最终报告重点涵盖在信函报告中确定的重要领域。委员会确信最终报告有效地回应了信函报告中提出的问题, 并对行动提供了全面的分析和切实有效的建议, 以帮助定位海军网络中心, 为其后续的任务提供保障。

委员会的调查方法

　　完成任务期间, 委员会承担了授权调查范围涉及的许多信息安全课题。首先, 委员会组织人员充分调查了信息安全问题的本质和威胁; 然后, 分析了当前的信息安全行为和海军部与国防部的职责; 最后, 综合考虑操作、技术和组织的观点及需求, 提出了对信息安全响应和动作的建议。最终报告的结果和建议均基于海军作战部和国防部内部与外部专家广泛的反馈和提交的文档, 以及委员会利用其成员的专业知识和经验进行的分析。

　　网络中心海军作战信息安全委员会于 2008 年 3 月首次召开委员会全体会议, 并在第三次会议起草了临时通信报告。随后的 6 个月内, 委员会通过召开会议和实地考察的方式, 从相关社区搜集信息、讨论结果并给出建议。委员会会议提出的计划纲要如下:

- 2008 年 3 月 5—6 日, 华盛顿, 第一次全体会议。内容: 信息安全问题、职责、计划、策略和研究简报。成员包括: 海军作战通信网络部副部长办公室; 海军作战部副首席信息官办公室; 信息安全理事会, 海军网络战司令部; 国防信息部和身份保障副部长助理办公室; 主任, C⁴, 首席信息官, 美国海军陆战队; 海军首席信息官办公室; 信息、服务和集成部主任办公室; 空军作战一体化部长办公室和首席信息官; 空军科学咨询委员会; 国防科学委员会。

● 2008 年 4 月 10 日, 马里兰州米德堡, 现场参观。内容: 信息安全措施和策略简报。成员包括国家安全局、信息安全理事会。

● 2008 年 4 月 28—29 日, 弗吉尼亚州诺福克。委员会全体会议第二次会议。内容: 计算机网络防御、纵深防御、信息安全措施、海军和海军陆战队内部网、海军信息安全策略简报。成员包括: 海军网络作战司令部 (含海军网络防御作战司令部、海军全球网络作战和安全中心); 诺曼底号航空母舰 (CG-60) 网络系统人员。

● 2008 年 5 月 29—30 日, 华盛顿, 弗吉尼亚州阿什本, 弗吉尼亚州阿灵顿。委员会全体会议第三次会议。内容: 下一代企业网络、巩固水上网络和企业服务以及综合国家网络计划简报。成员包括: 海军作战通信网络副部长办公室、国家情报局局长办公室。现场参观。网络安全和信息安全商业最佳实践简报: Verizon 政府网络运营和安全中心。现场参观。国防部全球网络行动、网络防御和信息安全计划简报: 联合特遣部队 —— 全球网络行动 (JTF - GNO)。

● 2008 年 6 月 17—18 日, 华盛顿, 委员会全体会议第四次会议。内容: 信息安全/网络防御相关的方案、研究和开发简报。成员包括: 美国海军陆战队网络作战与安全司令部; 信息安全部办公室, 美国海军陆战队总部; 海军作战人力、人才、训练和教育副部长办公室; 国防高级研究计划局; 海军研究办公室; 海军研究实验室; 项目管理办公室与项目执行办公室。

● 2008 年 7 月 16 日, 马里兰州米德堡, 后续现场参观。内容: 信息安全和网络防御相关计划简报。成员包括: 国家安全局、信息安全理事会。

● 2008 年 7 月 17—18 日, 华盛顿和弗吉尼亚州阿灵顿, 委员会全体会议第五次会议。内容: 信息安全和网络安全相关计划、研究和商业化最佳实践简报。成员包括: 海军作战策略研究小组组长; 计算科学与电信委员会、国家研究委员会; 首席技术官办公室、国防信息系统局; 海军情报办公室; 花旗集团、IT 风险和项目管理; Verizon 安全解决方案部; 美国太平洋舰队司令部办公室。

• 2008 年 8 月 4—5 日, 加利福尼亚州圣迭哥。现场参观。内容: 信息安全问题、策略和计划讨论。成员包括: 美国海军空海一体化系统司令部, 指挥、控制、通信、计算机和情报 (C⁴I) — 项目执行办公室; 美国第三舰队司令部办公室。

• 2008 年 8 月 18—22 日, 马萨诸塞州伍兹霍尔。委员会全体会议第六次会议。内容: 委员会讨论, 起草报告。

• 2008 年 10 月 10 日, 华盛顿, 现场参观。美国核动力推进计划主任办公室。

最后一次会议至报告公布期间的几个月, 委员会主要进行了准备草案手稿、收集更多信息、评估和响应外部审查意见、编辑报告和对发布公开报告进行安全评估等工作。

注释

① 例如, 参见 VADM Arthur K. Cebrowski, USN; and John J. Garstka, 1998, "Network-Centric Warfare: Its Origin and Future," *U.S. Naval Institute Proceedings*, January, pp. 28-35.

② Naval Studies Board, National Research Council. 2000. *Network-Centric Naval Forces: A Transition Strategy for Enhancing Operational Capabilities*, National Academy Press, Washington, D.C.

③ Naval Studies Board, National Research Council. 2000. *Network-Centric Naval Forces: A Transition Strategy for Enhancing Operational Capabilities*, National Academy Press, Washington, D.C.

④ Department of Defense. 2006. *2006 Quadrennial Defense Review*, Washington, D.C., February.

⑤ James Sherman. 2006. *"Computer Attack Shuts Down Naval War College Networks," Inside Defense,* Washington Defense Publishers, Washington, D.C., November 27.

⑥ 关于部队网的附加背景, 参见National Research Council, 2005, *FORCEnet Implementation Strategy,* The National Academies Press, Washington D.C.; and National Research Council, 2006, *C⁴ISR for Future Naval Strike Groups,* The National Academies Press, Washington, D.C.

⑦ 缩写字和缩略词可查询附录A。

⑧ 本书的全部条款可查询附录B。

⑨ 委员会成员的履历资料可查询附录C。

⑩ 与海军网络战和部队网相关的部门包括海军作战部长办公室、进行C^{4}IS的项目执行办公室, 及其他为海军部队提供C^{4}I和信息作战支持的部门。

致谢

该报告的草案形式已按照国家研究委员会的报告审查委员会程序批准, 经由具有不同视角和技术专长的专家审查。这种独立审查的目的是可以开诚布公地提出批评, 以协助该机构在其发表的报告中尽可能地表达想法, 并确保该报告符合机构研究费用的客观性、可证性和响应性等标准。评审意见和草案手稿全程保密, 以保护协商过程的完整性。我们对以下成员在报告审查中做出的贡献表示感谢:

Brig "Chip" Elliott, BBN Technologies,

Carl E. Landwehr, McLean, Virginia,

Frank T. Leighton, Massachusetts Institute of Technology,

Dawn Meyerriecks, Purcellville, Virginia,

John E. Rhodes, LtGen, USMC (retired), Balboa, California,

Jonathan M. Smith, University of Pennsylvania,

William D. Smith, ADM, USN (retired), Fayetteville, Pennsylvania,

William O. Studeman, ADM, USN (retired), Severna Park, Maryland.

尽管上面列出的专家提供了许多建设性的意见和建议, 但他们并没有被要求去支持这些结论和建议, 也不能在最终的报告公布之前看到它们。该报告由 LLC 全球技术合作伙伴 J. Robert 进行了全面审查。由国家研究委员会指定 J. Robert 负责确保该报告依照制度程序进行一个独立检查的同时还要兼顾考虑关于报告的所有评论。而报告的最终内容完全由编辑委员会和机构负责。

目录

摘要

应海军作战部部长的要求,在国家研究委员会 (NRC) 的支持下,海军研究委员会建立了一个委员会用以检查与以网络为中心的海军部队信息安全相关的一系列广泛的问题。①② 由于网络中心战概念在整个美国国防部的扩散,信息与网络安全面临着来自单个行动者、志同道合的行动小组、民族国家和恶意的内部人员日益增长的威胁,信息安全已成为一个备受关注的重要领域。由于海军舰艇和海军陆战队远征部队的远期定位,海军的 IA 问题与日俱增,且与作战的成功率紧密联系在一起。NRC 以网络为中心的海军部队信息安全委员会将广泛的 IA 成功视为国防部的网络中心作战概念和美国海军部部队网作战愿景提供的一个中央支撑。③ 因此,本报告在海军 "任务安全" 的背景下提供了一系列对信息安全的观察与分析。

海军网络和计算机系统面临的日益增长的威胁,以及海军部大量使用商业信息技术 (IT) 作为作战系统的一个重要部分,要求海军部必须采取行动以减少其正在面临的和潜在的 IA 风险。这就需要一个 IA 策略来指导海军和海军陆战队定义与管理一系列广泛的相互关联的 IA 行动。该策略要求能够确保这些行动被适当地集成,从而为应对不断变化的 IA 威胁以及海军 IA 风险管理系统提供基础。

同时,研究还对许多海军当前进行的积极的 IA 方面的努力表示认同,并提出了为使海军实现风险降低而进行的关于 IA 的新工作,包括以下几方面。

- 展开理论研究、开发作战程序和进行作战演习,用以提高信息系

统遭到攻击后的恢复能力;

- 技术的研究、开发与部署,包括系统架构研究;
- 教育培训全体海军人员并发展其专门的职业生涯;
- 情报收集和评估;
- IT 收购过程;
- 优先投资的风险分析方法;
- 动态和自适应的网络与系统的重构;
- 网络和系统监控。

报告提出了上述各个方面与信息安全和网络防御相关联的一些问题。这些问题在很多情况下是交织在一起的,并会在整个海军部乃至国防部各个部门范围内都有影响。因此,降低 IA 风险的行动跨越了许多海军部当前正在进行的管理领域,实现这些需求的集成工作也面临着严重的组织障碍。

基于对研究委员会④ 的报告和海军部、国防部与 IA 相关的可用文档的回顾,通过讨论下列主题,本报告提出应马上采取行动,理由如下:① IA 面临的威胁;② 造成潜在的 IA 问题和任务威胁的技术趋势;③ 回顾当前国防部和海军部 IA 计划部署以减轻这些趋势和威胁。然后,报告提出了海军部在长期作战过程中应当承担的附加行动和与 IA 相关的任务威胁的技术响应。委员会认为,由于威胁快速发展的性质以及考虑到由变革引起的 IA 新方法的成熟与规范需要一定的时间,这些行动应该立即开始。诸如非秘密互联网协议路由网 (NIPRnet) 和秘密互联网协议路由网 (SIPRnet) 安全、更新的潜在网络作战理念要素 (CONOPS,包括将攻击 — 防御集成到网络作战中)、网络体系结构的影响、先进 IA 的研究与开发 (R&D) 需求和 IT 采购,以及网络员工的发展等项目都将进行详细讨论。

报告讨论了当前海军 IA 相关的风险管理方法中存在的严重不足并就此提供了相关证据。在识别这些不足和对周围 IA 问题进行分析的基础上,委员会提出了一些主要的发现和建议,为改善问题提供了必要且实用的方法。⑤

由于 IA 问题本身及其扩展贯穿了整个国防部的所有部门,所以海军部解决委员会所发现的问题和提出的建议是一个需要足够重视并要做出持续努力的过程。委员会提出了有力的证据,表明如果海军部创建一个组织结构,允许所需的 IA 及其相关功能以更明确的责任和权限进行管理,报告中每个建议成功的可能性将会大幅提高。报告的最后一章将列出潜在的组织变更的参数和选项,这些被委员会认可的变化是非常重要的,但是确保长期的 IA 和网络中心作战的成功也是绝对必要的。报告建议,有明确的跨越几个现有的 IA 管理接缝的职责和权限的同时,应采纳更为集中的 IA 组织架构。

行动的优先区域

这个最终报告中的调查结果和建议建立在委员会临时通信报告的四个调查结果和建议的基础上。本研究的结论也可与下面所述建议的三个通用主题关联起来看。

行动区域 1: 为任务驱动 IA 风险评估建立一个框架

对委员会的陈述表明了 IA 威胁正在迅速增加。此外,商业化 IT 更积极的应用可能带来的性能增强和经济机会会给海军执行任务增加 IA 风险。目前尚不清楚所采取的折中方案是否具有针对性,同样,也没有任务风险分析的证据证明,相关的机会分析有利于实现新的信息系统解决方案。这项研究提供了以下三个与此问题相关的主要调查结果和建议。

更新 IA 作战理论

主要发现 1: 海军作战高度依赖于从所有的网络中获得的信息,包括非保密的因特网协议路由器网络和传统网络。委员会有证据表明,NIPRnet 和传统网络是非常脆弱的,然而如后勤管理等关键任务功能却都正在这些共享网络上进行。

主要建议 1: 帮助解决和减少当前 NIPRnet 和传统网络中可感知的网络风险,美国海军应该采取以下措施:

● 进行系统的风险分析来了解信息安全失败对任务产生的影响。这种分析应建立在通过适当的理论、作战、程序和技术分析来理解驻留在网络中的信息与应用程序,以及它们如何有助于成功完成任务的基础上。

● 随着对信息共享的需要,评估在 NIPRnet 上发布信息时实现平衡操作安全风险的可能性。

● 开始设计、构筑和实现美国海军部的网络和系统,以更好地分离关键任务指挥控制系统、后勤、供应、福利和士气系统的功能,使得在这些功能领域中的一个领域产生 IA 妥协,而不会连累其他功能领域的

IA 安全。

● 开始发展 IA 操作理论, 包括可以在信息功能减少的情况下进行关键任务操作, 减少恢复时间 (在功能和数据中重建信任), 进行训练演习以对抗信息攻击, 以及最后一英里的连通性的备份计划。⑥

重新审视关键系统的网络分离策略

主要发现 2: 全球信息栅格 (the Global Information Grid, GIG) 体系结构承诺提供安全的信息服务, 并将其电子集成到武器系统和其他关键任务控制系统中。这一愿景高度依赖于可靠的商用现货 (COTS) 技术组件。拥有 GIG 体系结构愿景的美国海军部, 越来越依赖于逻辑 (基于软件的) 信息隔离, 而不是物理分离由 COTS 组件组成、高度集成的作战关键系统。鉴于 COTS 组件已知的漏洞, 从 IA 的角度来看, 这一策略是非常危险的。

主要建议 2: 负责研究、开发和采办的海军副部长 (ASN[RDA]) 办公室, 与海军和海军陆战队其他部门协作, 应重新审视其 IA 架构和设计策略, 重点在于建立当前正在开发系统的 IA 价值。应特别注意: ① 海军综合水上网络与企业服务 (CANES) 计划固有的独立和分离的 IA 方面; ② DDG-1000 舰载通信子系统。⑦⑧

开发和沟通 IA 设计原则

主要发现 3: 作为其网络中心战能力实施的一部分, 海军部积极地接受诸如面向服务的体系结构等综合 COTS 技术, 以利用其潜在的积极的效益 (如更广泛的信息可用性等)。然而, 这些改变也有可能向海军系统引入新的、甚至很严重的 IA 风险。不幸的是, 现有的海军系统设计似乎并未将附加的 IA 风险作为一个基本的系统属性考虑进去。

主要建议 3: 为了提供适当的 IA 水平, 负责研究、开发和采办的海军副部长办公室应该采用 IA 原则体系用以管理系统发展。IA 原则体系被明确规定需纳入到海军企业架构中, 该体系包括针对面向服务的体系架构的 IA 需求。此外, 这些原则需要体现在整个系统生命周期中, 并在现有的海军系统升级时得以采用。⑨

行动区域 2: 任务安全的管理和投资

鉴于当前信息系统漏洞日益增加的趋势, 海军正面临着重大的且不断增长的风险, 以致无法执行指定的任务。降低 IA 风险需要一个集成的技术、程序和操作解决方案应对各种敌人发动的攻击。潜在的解决方案将包括增强防御,降低攻击成功率和增强遭到成功攻击后的可恢复性。识别可能的攻击范围后,必须致力于解决方案的开发,以对抗预测发生率最高及可能导致任务性能严重退化的攻击集。这项研究提供了以下四个与此问题相关的主要调查结果和建议。

消除当前 IA 行动的缺陷

主要发现 4: 美国海军部已进行一组不同的代表最佳商业 IT 实践的 IA 行动。然而:

- 不存在确定行动影响的综合评估;
- 这些行动的开展需要大量资源,在某些情况下需要 3 年以上的时间才能实现,并会给已知的开发遗留大量的海军网络漏洞;
- 即使所有现有计划都能实施并取得成功,这些网络还不足以应对可能发生的不同的且更复杂的攻击。

主要建议 4: 由于网络威胁直接和日益复杂的特性,负责研究、开发和采办的海军副部长办公室,与国防部部长办公室和国家安全局协作,应该对技术机会和架构选项进行彻底的检查,并为重建海军网络和计算飞地制定一个全面的计划使其在遭到复杂对手的网络攻击时具有恢复能力。这个计划需要超越商业最佳实践,并结合已经由国防部研究机构开发的先进技术程序、任务保证概念和主动防御。该计划还应该建立操作指标,标定指标基准,并设定改进目标。⑩

改善海军专用网络威胁预测

主要发现 5: 海军还没有全面地将对手的能力转化为风险分析假设或一种作战威胁,它一般不会共享分布在负责信息安全的各种海军和海军陆战队组织内部或之间的风险分析和威胁模型。从向委员会提交的信息简报来看,似乎对了解对手如何计划或利用他们的能力和国防部网络漏洞破坏海军作战都没有足够的重视。

主要建议 5: 与国防情报机构和国家情报组织协作,美国海军情报局局长应该通过收集和分析所有情报资源支持网络风险分析,以增进美国海军对对手的任务目的、策略和战术的了解,并阐明敌人的这些信息可能会如何影响海军和海军陆战队完成任务和目标的能力。⑪

另外,威胁和风险分析,具体包括敌人的作战理念和作战能力,应该在许多明显依赖 IA 的海军和海军陆战队组织间实现共享。负责 IA

的组织应当使用标准脚本和有效性度量。

改进 IT 收购过程

主要发现 6: 网络威胁在时间尺度上的变化比国防部开发和部署网络安全技术采购生命周期短。这些网络威胁带来的风险越来越多,其中包括分配作战任务时无法应对的风险。快速采购和确定 IA 解决方案至关重要,但委员会没有看到对这一需求采取任何有效措施。

主要建议 6: 在海军研究办公室主任的支持下,委员会建议了以下由 ASN (RDA) 承担的具体行动,以及时获取和实施 IA 解决方案:

● 积极参与国防部定义和建立的情报工作,以提供对大大刺激防御响应发展的未来网络攻击技术的预测;

● 利用现有辅助设计的操作和维护流程及海军实验室进行的原型机制造活动,更迅速地制定和实施解决方案;

● 仿照未来海军作战能力计划 (the Future Naval Capabilities Program),建立一个快速的技术测试评价实验室和技术嵌入程序,调节和促进现行的海军网络安全研究;

● 模仿全球反恐战争应急程序 (the Global War on Terrorism,其定义在"快速开发和部署对策以应对紧迫的全球反恐战争的需要"中,详见 SECNAV[海军部长] 指示 5000) 建立一个标准的管理流程样式。⑫

增加海军 IA 研发资助

主要发现 7: 美国海军部没有建立一个足够稳健的 IA 研究计划。海军研究办公室 (ONR) 要求的每年约 200 万美元的经费水平,甚至不足以确保海军部能够有效地利用其他机构进行研究投资。目前海军在信息安全能力方面的差距,更主要是因为缺乏用以缩小这些差距的先进技术研发的战略投资。

主要建议 7: 在海军作战部部长 (CNO) 和海军陆战队司令部确保资金有所保障的情况下,海军研究办公室主任应开发一个稳健的关于信息安全的科学技术研究计划。通过海军研究办公室海军研究实验室提高一个量级的经费支持,将建立海军全面参与的 IA 技术研发,为指导和实现海军的选择划分优先级提供知识基础,并且允许海军选取工作杰出的成员组成学术和工业研究团体。海军应该集中研究优势,努力解决与海军需求相关的、未充分解决的能力差距。

同时,在利用资金源自其他研发组织的海军内部研究成果和正在进行的研究成果的基础上,海军研究办公室还应开发快速技术嵌入程序,以确保应对新威胁的解决方案能够快速部署。其他研发机构包括国防高级研究计划局、国家安全局、陆军研究办公室、美国空军科学研究办公室、国家科学基金会、能源部和国土安全部。⑬

行动区域 3: 反思 IA — 建议的理论和组织响应

需要减少不断增加的 IA 风险的行动范围非常广泛,包括新技术和新作战理论的应用。行动的范围以跨越不同海军任务和组织的风险评估为基准,必须配合范围更广的国防部行动解决 IA 问题。特别是,IA 不能被孤立地对待,而是必须考虑更广泛的军事行动。

认识到 IA 需要解决整个海军系统中 "最薄弱环节",增强 IA 的行动优先级是至关重要的。认识到新攻击的速度可以被设计、开发和传播,所以将快速响应的解决方案嵌入到实践中是十分必要的。委员会认为,需要新的方法来解决未来海军的 IA 问题。下面提供了三个与此问题相关的主要结论和建议。

为攻防集成发展理论基础

主要发现 8: 在海军中防御、开发、攻击和情报四大网络空间与 IA 相关的区域并未实现紧密集成。尤其是,美国海军部似乎没有积极考虑和评估过替代方案以通过这种集成获得更大的 IA 优势。

主要建议 8: 在面对新兴的与 IA 相关的攻击、防御和情报组织时,海军作战指挥部办公室和海军陆战队指挥部办公室应当采取减少分离和加强集成的方法。⑭

海军部网络人力资源战略更新

主要发现 9: 由军官、入伍士兵和文职人员组成的海军人力资源部,不需要拥有一个统一的、必须具备的知识集和 IT 相关经验。当前与 IA 相关的威胁及其趋势表明海军和海军陆战队需要将解决教育、培训和职业生涯发展作为对日益增长的 IA 风险和海军网络作战重要性响应的一部分。海军的科里站 (Corry Station) 网络操作培训计划为满足这一需求,提供了一个强大且积极的开端。⑮

主要建议 9: 海军作战指挥部办公室和海军陆战队指挥部办公室应当建立一个专门的网络人力资源策略,包括人事管理的所有元素 (加入、延长服役期限、保留和分配)。由于网络相关技术的快速发展,海军网络人力资源计划还应该包括海军和海军陆战队培训和教育课程不断现代化的措施,其中包括在网络教育和培训方面为引导和支持海军的需求,从而与大学和外部顾问建立正式关系的发展。⑯

　　采用新的海军 IA 组织结构

　　主要发现 10: 信息安全的管理广泛地分布在海军各部门中,各个部门发挥着不同的作用,这就导致许多管理缝隙的产生。尤其是,海军中没有集中的权威或组织机制来管理 IA 与端到端的网络运营。例如,海军网络安全策略和财政权限共同管理的范围遍及整个海军部,包括海军部首席信息官、海军网络作战司令部、梯队 II 级首席信息官、海上设施司令部司令员、项目执行官和海军系统司令部。

　　主要建议 10: 海军部领导层应当更集中地检查,在所有海军部门(地表、地下、远征、空中、空间、网络空间) 中,与 IA 相关的组织结构信息安全策略和计划的整合,以及这些策略和计划在联合部门 (作战司令部和国防部长办公室) 间的整合。这一检查应该解决 IA 管理和财政权限的需要,以维持当前和未来的快速反应水平,以及确定海军部由哪一个组织负责从战略到战术水平的网络威胁防御。⑰

　　与此同时,根据委员会的条款,委员会明显没有考虑到成本问题,但是对于解决上面提出的许多发现和建议,成本又是必须考虑到的因素。然而,委员会认为,几个主要的建议能够用最少的额外资产和运作费用来实现。由于海军信息安全所涉及的一些问题的即时性,委员会敦促及时考虑所有建议。

注释

　　① 海军研究委员会为解决海军网络中心战的信息安全问题于 2008 年 3 月举行第一次会面,其研究范围见附录 B。本报告遵循委员会的中期协定报告,其内容全部来自于此次研究,成稿日期为 2008 年 11 月 6 日。

　　② 在该研究过程中,委员会举行会议期间收到并讨论的材料不需发布在 5 U.S.C. 552(b) 中。委员会会议议程的摘要由报告前言提供。

　　③ 部队网的定义是 “信息时代海军作战的构想和体系结构,涉及到士兵整合、传感器、网络、命令与控制、武器进入网络化与分布式,战斗力可发展到从海底到太空、海洋到地面跨越所有战斗级别的程度。” 参见 National Research Council, 2005, *FORCEnet Implementation Strategy,* The National Academies Press, Washington, D.C., p. 1.

④ 见委员会的数据收集会议摘要的前言。

⑤ 本报告的章节中除了十项主要的发现与建议外,在摘要中还包含了其他重要的发现和建议。

⑥ 主要发现和建议 1 在第 3 章 "解决 NIPRNET 和 SIPRNET 的威胁" 一节中。

⑦ CANES 程序和 DDG-1000 (新型美国海军多用途舰船计划) 的网络设计计划将在第 2 章和第 3 章中分别进行讨论。

⑧ 主要发现和建议 2 在第 4 章 "当前 COTS 技术的 IA 风险" 一节中。

⑨ 主要发现和建议 3 在第 4 章 "面向服务的体系结构" 一节中。

⑩ 主要发现和建议 4 在第 2 章 "初始行动概要评估" 一节中。

⑪ 主要发现和建议 5 在第 5 章 "发现与建议" 一节中。

⑫ 主要发现和建议 6 在第 4 章 "现有海军信息安全系统的研发和成果进程" 一节中。

⑬ 主要发现和建议 7 在第 4 章 "当前海军信息安全研发预算" 一节中。

⑭ 主要发现和建议 8 在第 3 章 "整合网络作战" 一节中。

⑮ 美国海军科里站网络作战培训计划,作为科里站信息支配的中心部分,在第 3 章 "职业道路" 一节中进行讨论。

⑯ 主要发现和建议 9 在第 3 章 "职业道路" 一节中。

⑰ 主要发现和建议 10 在第 6 章 "替代组织模式" 一节中的 "概要论述" 部分。

第 1 章

海军网络中心战的信息安全及网络威胁

1.1 网络中心战与信息技术的关系

对网络中心战的定义有多种形式,这些定义的内容都大体相同。经研究, 国家研究所 (National Research Council, NRC) 的海军网络中心信息安全委员会在海军研究局 (Naval Studies Board, NSB) 的辅助下由前NRC 的报告作为指导对其进行如下定义:

网络中心战是决策者利用最先进的信息和网络技术来整合众多分散人力的军事行动, 使战场态势、目标定位传感器、军力部署及武器装备之间达到高度适应, 综合系统实现前所未有的任务有效性。[1][2]

NSB 关于海军网络中心的报告通过以下几方面进一步说明了网络中心战的特点:

海军部队的前沿部署可分布在广泛的地域, 火力和兵力可以在关键的地点和时间从远距离迅速进行集结和分散, 海军陆战队的高度机动作战也表明未来作战任务中会将网络的力量和信息的优势放在尤为显著的位置。未来海军必须支持信息共享、战场态势图片的整合、分布式协同计划和战场空间控制能力。此外, 部队还必须具有协同、集结进行地面攻击的能力, 以及利用复合传感器的联网和探测进行水下战争和导弹防御的能力。[3]

网络中心战④的思想已经成为海军作战概念和作战计划的核心思想,这是显而易见的,如海军网络战司令部的建立和陆战队网络作战与安全司令部的发展。这也表现在部队网概念的开发和使用上、海军作战部及陆战队执行办公室的优先计划上、由海军副部长研究的关于 ASN [RDA] 的发展与收购的程序开发上及"三叉戟勇士"实验计划的实验进行上。

网络中心战包括分布式操作的同步执行及广泛共享态势和决策数据,这就需要可靠的信息基础和基本的通信设备。这一需求在网络与信息集成防御部副部长的网络中心战的三个目标中被明确提出,该部门为服务于整个国防部所建立。

目标1——使人们可以依赖和信任网络上的可用信息;

目标2——利用新信息填充网络,用动态的信息源克敌制胜;

目标3——杜绝能被敌人超越的优点和可能被敌人利用的弱点产生。⑤

部队网可以被视为实现上述目标的海军工具。海军及陆战队把部队网设想为全球信息栅格的海军元素与其他非部队网元素联合存在的 GIG。基于这一概念,可以预见,海军部队将成为一个更大的、基于联合一体化的商业网络的主要组成部分,并将因网络的扩大而获得更大的支持。海军节点与非海军节点在 GIG 内部紧密结合。海军节点将依赖于非海军元素提供的信息与服务,而海军节点将为更广泛意义上的 GIG 提供独特的海军作战能力。

以下关于网络中心战的例子表明其对可靠的基础信息及通信基本设施的依赖性。

● 执行同步操作依赖于各分布力元素之间的联合。例如,陆战队执行任务时小股部队分散作战需依据陆战队的指挥思想。⑥

● 从分布式传感器获取态势图的准确性取决于数据访问的连通性以及数据的完整性。例如,空中与海下的态势画面都需要由海军战斗群获取。

● 作战系统对指挥与控制系统的操作响应取决于硬件和软件的无故障运行及数据的完整性。例如,"宙斯盾"巡洋舰上防御导弹的控制。

● 分布式协同作战取决于各指挥部门之间合作的连通性,取决于数据的访问和作战方针所需服务之间的连通性,以及数据与服务的完整性。例如,在一个战区内,海军作为联合作战的一部分来指挥战斗(如伊拉克或阿富汗地区可能会发生此类情况)。

● 支持多种远程数据源的数据处理,这取决于美国大陆和其他远程区域之间数据传送的连通性和接收数据的完整性。例如,利用国家工具收集情报、监视、侦察数据。

计算或通信连接被中断或毁坏以及数据损毁,会使网络中心战的系统性能大大降低甚至无效。更好地利用信息的共享与通信能力将有利于抵御打击破坏美国作战系统的敌人(包括低复杂度和高复杂度两种)。

由此可见,信息安全由反敌特威胁的信息和通信保护系统提供,被视为网络中心战作战能力的重要组成部分。⑦以下为部队网功能概念的需求说明:

部队网需要具备保护指挥与控制活动的能力,防止网络欺骗和溢出或是对指挥与控制活动实施的攻击。这种能力应包括侦察、定位和识别敌军作战信息的能力,反侦察定位的能力和降低敌人对我军造成影响的成功率的能力。信息安全也可以运用到信息意外损坏的问题上,即能够把任何种类的信息损坏恢复到损坏前的信息状态。⑧

我们必须面对当前和未来都存在的潜在威胁,认识他们的目标,从而保证下面描述的以网络为中心的作战模式有实质性的突破。专栏1.1描述了与海军部队信息安全相关的海上打击、海上防护、海上基地、远征机动作战、海上勇士、海上试验等具有海军特色的任务需求。

专栏 1.1

海军任务和信息安全:部队网的功能

作战过程中,部队网是指在 2015—2020 年期间为海军指挥与控制提供有效网络的系统和程序。指挥官认可的指挥与控制的手段和方法是在任何给定的情况下找出可采取的适当行动。海军作战的各个领域,像联合作战中海军作战概念描述的一样,21 世纪的海军力量、海上力量和陆战队的战略需要由部队网提供的指挥与控制功能如下:

● 海上攻击:部队网会提供分布式攻击的同步和对来自海上进攻力量的海上攻击计划的评估。收集、整合、分散监督、目标、计划、评估信息将通过实时协同规划智能决策辅助工具方便决策过程。部队网将支持联合任务部队指挥官协调和控制器材与事件的连接速度和效果的任务。部队网可以使指挥官选择并应用最为恰当的策略和系统(包括动态的、非动态的、战略上的、作战上的或战术上的) 以达到预期的效果。

• 海上防护: 部队网将会加强海军在本土防御和支持访问海外联盟联军的力量。通过部队网提供的功能, 海上防护功能将保卫海战场和海上友军在岸上的工程防御力。部队网将会提供一个通用、集成、适合用户的实时作战画面和迅速的战斗识别能力以及近实时的指挥速度。实时协作和智能决策辅助可以弥补海上防护各个方面的不足。在应对威胁作战时, 部队网的组织能力将超越单一平台, 同时, 部队网可以将航母与远程打击群视为集成和分布式作战系统进行行动。

• 海上基地: 海上基地可以增加作战的机动空间和海军与其联合部队的独立性, 提高机动和重组的速度, 有利于确保人员和后勤给养没有后顾之忧。部队网强大的协作和规划能力及其安全信息的大容量无缝流通可使之承担准备工作, 全部内容的能见度和供给能力将是海上基地的关键。部队网的功能将显著增强海上部队进行远征机动作战、海上作战演习的能力和舰船针对海上基地目标的演习能力。当部队到达、驻扎在指定地点并准备就绪时, 部队网将允许联合指挥官在安全的移动设备上练习指挥和控制。部队网可以获取海上基地各类的战备和给养支援活动的信息、总的可见度和完成速度。

• 远征机动作战: 在即将接近目标时, 部队网可以协同制定作战计划。部队网可以使部队和与之联合作战的美国其他部门、盟国及联军交换关键信息。部队从上舰到登陆这一过程中, 事实上是从出发开始就已经被连接到这个平台上, 其他前沿部署部队和远程哨所将收集并共享当前的以及未来的战场情报数据。部队将通过快速收集和传播信息获得巨大的优势, 使之能够在登陆的持久战中做出更迅速、果断的决定。部队网将从远程机动作战的功能表中汲取适当的能力。部队网会将海上兵力作为一个核心进行服务保障, 并为联合特遣部队总部提供作战部队。

• 海上战士, 海上企业和海上试验: 部队网具有稳固性、协作性、信息共享、分布式服务、优化决策等优势将影响到非战争领域。部队网利用海上战士为工作人员及人员的管理、培训、医疗、专业培养等事项提供了近实时的信息服务。部队网利用海上企业转变经营方式和财务流程, 提高基础设施效率。部队网扩展了海上试验共享和时间敏感环境以协助验证新概念和新技术。

来源: Department of the Navy Enterprise Architecture Management View. Available at <http://www.doncio.navy.mil/EATool/Forcenet_home.htm#description>. Accessed February 27, 2009.

1.2 网络威胁的性质

网络安全不断地利用攻击技术来威胁环境, 目前已确认许多恶意攻击利用了军事信息系统的运行环境。要全面落实信息安全保障措施就必须使之免受潜在威胁的干扰。本节描述了由委员会制定并公开发布的关于威胁的说明。

1.2.1 威胁类型的主要分类

从表面来看, 网络威胁一般来自以下四种渠道: 远程访问、近距离访问、生命周期或供应链中的插入、内部人员。这些威胁的预定目标是破坏系统的功能 (如减弱或拒绝通信连接), 修改数据 (如破坏或篡改数据) 以及窃取数据。

1. 远程访问

远程访问是指通过信息系统对可公开访问网络 (如因特网) 的连通性, 对该系统进行的渗透或其他破坏性行动。在非机密互联网协议路由器网络 (the Non-Classified Internet Protocol Router Network, NIPRnet) 上运行的系统就是这些远程访问操作中的一个例子。利用有效的技术手段可以访问一组受限的系统资源 (如由一个用户所拥有的文件), 也可获得局域网上的所有资料 (如由系统管理员所控制的资源)。缺乏实际渗透能力可能会导致网络连接性能的弱化 (拒绝服务), 要么通过泛红接口解决外部网络带来的巨大网络信息流通量或是禁用一些中间网络元件的操作 (如路由器)。这些进行远程访问操作的肇事者的所有运行方式均来自于 "脚本小子"⑨, 他们利用罪犯和恐怖分子与世界各国为敌。

在过去的几年里, 企图远程渗透美国政府和海军系统的次数逐年增加。委员会所获得的数据和简报显示, 企图侵入政府和私人网络的手段也变得更加复杂、恶毒。类似于这种 "网络钓鱼"⑩ 的手段现在已经是司空见惯的事情了。

远程访问操作由于其效果最为明显, 所以它是渗透或其他弱化系统安全性的方法中最常用的手段。但是这并不意味着除远程访问外的其他渗透手段造成的结果不严重。

2. 近距离访问

近距离访问是指用渗透影响被 "封闭" (常规分类) 的系统, 即那些不能通过公共网络直接访问的系统。秘密因特网协议路由器网络 (The Secret Internet Protocol Router Network, SIPRnet) 就是这种网络的一个实例。近距离访问能够通过人或是机械手段所建立的直接的物理连通来完成, 或是通过与封闭系统之间相互的电磁作用来完成。也可以通过利用软件漏洞这种远程手段来访问 "封闭" 的系统, 因为这种系统只是从逻辑的角度与公共网络分开, 并不能从物理的角度与之分离。历史上, 相较于对近距离访问的监测, 美国国防部更加重视远程访问渗透的监测, 因为 "封闭" 系统被认为能够凭借其自身的优点和加密隔离来确保其安全性。近来, 由于即将要讨论的某些原因, 国防部已经开始更加注重近距离访问渗透的可能性。

3. 生命周期 (或供应链) 中的插入

生命周期中的插入是指在制造或维修的过程中, 被修改过的硬件或软件被秘密插入到网络元件和信息系统中的行为。⑪ 插入元件的目的是为了给秘密泄露的信息提供 "后门", 或者是在接收到某种提示线索时扰乱网络或信息系统的操作。这些风险源于一个事实, 即潜在的对手在离岸发展和生命周期支持的可以采购到的具有开放式标准定义的接口的软件或硬件产品 (Commercial Off-The-Shelf, COTS) 技术组件⑫ 上均起到关键的作用, 这些都是国防部信息体系的重要组成部分。这些活动为那些看似正常的技术产品、实际上却嵌入了禁用技术的案件提供了基础。

这些风险被某些敌人激化, 他们利用一些设计技巧将禁用技术极为隐蔽地插入到产品中, 并且能够将禁用技术的正常更新与产品的快速提高相结合。因此, 生命周期中插入禁用技术会对系统构成严重的威胁, 如果将其应用在某种作战环境下可能会大大降低美军的作战能力。

4. 内部人员

内部人员是一个组织内部可以访问其信息系统和网络的个体,他们某种方式的行为会损害这一系统。他们的范围包括从不经意间展开危害行为的合法用户到具有高度恶意行为的个人。任意一个用户给系统插入一个含有"恶意软件"的记忆棒都将会危及信息系统和相关网络,甚至包括"封闭"的网络。[13]

一个恶意的用户可能是一个外国情报机构招募的人员或是其他可访问该网络的敌对政党。在最坏的情况下,招募人员会具有网络技术细节方面的特殊知识或者信息,并会给外国情报机构传递信息。目前,国防部强调要加大反间谍的行动力度以防止此类威胁的发生。

1.2.2　网络威胁实例

市售可用的网络安全工具是用来解决已知漏洞和威胁的主要手段,这些漏洞和威胁均被明确识别并已标明其特征。安全补丁是反响应进程(Reactive Response Process)的一个重要组成部分。补丁的发展和部署是用来解决已经被发现并确定的漏洞,但是这并不能解决"零日"攻击。[14]

当漏洞开发是"嘈杂的"时候相对容易识别,但渐渐地,越来越多的漏洞被发现是"安静的"设计,恶意代码的产生已经成为黑客赚钱和秘密获得情报的手段。因此,工程师资源充足的黑客团队不同于资金雄厚的软件开发公司,他们在恶意代码投放之前就对其进行设计、使用并做出积极的测试[15]。这些威胁是很难被发现的,因为它们的设计可以使之回避主机级别的传感器,实现和主机的和谐共存。

图1.1提供了网络威胁方面的一些例子。如图所示,这些威胁和它们的变体正在迅速增长。目前还没有明确的限制因素来预计这些威胁可能会发展到的极限。如上所述,利用商业技术回应这些威胁是当前的主要手段,因此,我们充其量只能勉强跟上威胁的发展与增长的脚步。海军部的情况更为严重,因为他们的技术发展进程普遍比商业行业发展的更加缓慢。[16]

以下结论是对上述内容的概括总结。

结论: 网络威胁更新的时程比典型的国防部进行网络安全技术开发和部署的生命周期更短,委员会指出了当前来自这些威胁的风险不断增长的几点趋势。因为海军加强了作战过程中商业信息技术系统的使用,所以这些系统中存在的网络威胁严重威胁着海军的作战能力。

1.2.3　网络攻击来源

　　计算机网络被各种敌人入侵的报告持续增加。[⑰] 入侵报告中最为显著的是政府所拥有的网络被大量渗透。虽然这些入侵可能不是明确的攻击行为 (也就是说, 这些行为可能不会导致信息或网络资源的损毁或破坏), 但是他们需要使用与计算机网络攻击相同的技术和手段, 这些技术和手段包括拒绝服务和数据攻击。

　　计算机网络入侵很难归咎于谁, 很难确定任一入侵是否是由某一特定的外国政府或其他敌对组织所发起。尽管如此, 目前仍应特殊注意某些国家的动向。美国国会年度报告指出: 针对某些国家的军事力量, 国防部长办公室进行以下说明:

　　在过去的一年里, 世界各地大量计算机网络 (包括美国政府所拥有的计算机网络) 遭到入侵。这些入侵需要大量的技术与能力的支持, 同时, 这种技术与能力也是进行计算机网络攻击所必需的条件。

　　● 在 2007 年, 美国国防部、其他政府机构和部门及与国防相关的智库和承包商经历了多次计算机网络入侵事件。

　　● 除政府部门外, 显然一些国家也进行以商业为目标的网络入侵。

　　网络安全漏洞正迫切地需要引进全新的作战原则, 以下对某国关于空军和网际空间任务的想法进行的摘录足以说明这一事实: 未来空军计算机网络的防护。

　　网络战每天都在发生并且以指数形式增长。在 2002 年, 某国两位上校写了一篇论文, 文中他们坦诚地提出了利用网络攻击可作为一种新的战争形式。在文中, 他们分析了美国的军事实力, 评估了过去几十年美国的作战模式, 并做出结论: "在今天, 独立使用单一技术已经变得越来越容易实现, 信息技术的出现给新老技术的对决和新兴先进技术的发展带来无限可能。"

　　最近, 发生了一系列重要事件, 同时也提供了一个新的视角: 即在冲突中可积极使用网络攻击作为战争元素的一个补充。这一系列事件中所使用的三种网络攻击的方法是: 首先, 利用拒绝服务攻击敌方对事件的响应能力; 其次, 通过因特网的使用快速招聘志愿者进行网络攻击; 再次, 通过这些活动周遭的混乱环境, 准确评估出真正发生了什么及其发生原因, 这一过程是复杂而且耗时的。

在特定的新闻报道中,[18][19] 每三条新闻就有一条对潜在的战争是有用的, 在没有引起成本大调或不需要长期积累的情况下, 其价值度必定是增长的。因此, 委员会认识到, 在我们还没有足够的经验能够充分利用这些技术的时候, 出现重大事件时使用所涉及的上述方法仍是十分必要的。

1.2.4 未来威胁分析

众所周知, 海上平台的发展必须考虑该平台未来可能存在的物理威胁 (如反舰导弹、海底探测)。对这些威胁的预测是由海军情报机构或是更大的情报机构例行提供的。同样地, 发展平台及信息系统也需要预测未来威胁。委员会以网络威胁为主题, 其所有发言除了提到几个关于预测未来威胁的一般例子外, 其余几乎全部焦点都集中在网络威胁上 (见图 1.1)。

该委员会讨论了计划与收购管理办公室的代表所介绍的缺乏未来威胁预测的问题。这些代表表示网络威胁预测缺乏可支持需求规范和系统设计的细节内容。不是所有代表都关注到做专门网络威胁预测的重要性, 但是一些人认为这一缺失会成为系统发展的显著缺点。

在缺乏威胁估计的情况下, 平台的设计者们需要先假设威胁的存在, 然后再设计对抗这些假设威胁的方法。这会使实现的信息安全发生很大改变, 可能会导致系统更容易受到敌方的攻击。这种方法也可能会导致设计出一套与整个一套海军规划系统都不相关的系统。委员会认为网络安全中关于未来威胁的评估是相当重要的内容, 是提供一个完整的、协调的且可以纳入海军系统设计的网络活动图的重要因素。

根据上述观察可以发现以下问题。

发现: 情报机构无法预测海军系统存在于细枝末节的未来网络威胁, 这就需要大力发展专注于网络防御技术的插入程序。由于网络技术本身变化迅速, 所以未来威胁的突出特点是难以显现的, 但是预测威胁的发展和在海军内部对未来威胁进行评估都是十分必要的。海军负责规划的官员提醒委员会注意这一问题, 并指出缺乏关于未来威胁的信息将成为他们规划工作显著的缺点。海军威胁预测的发展需要海军及国家情报机构的共同努力。

基于物理特征的平台威胁, 其概念发展良好且容易被理解。例如, 反舰导弹的特点体现在速度、机动性、雷达交错区和使用操作策略等。在研究中, 委员会并未发现有人试图以类似的、概念的方式来表达网络

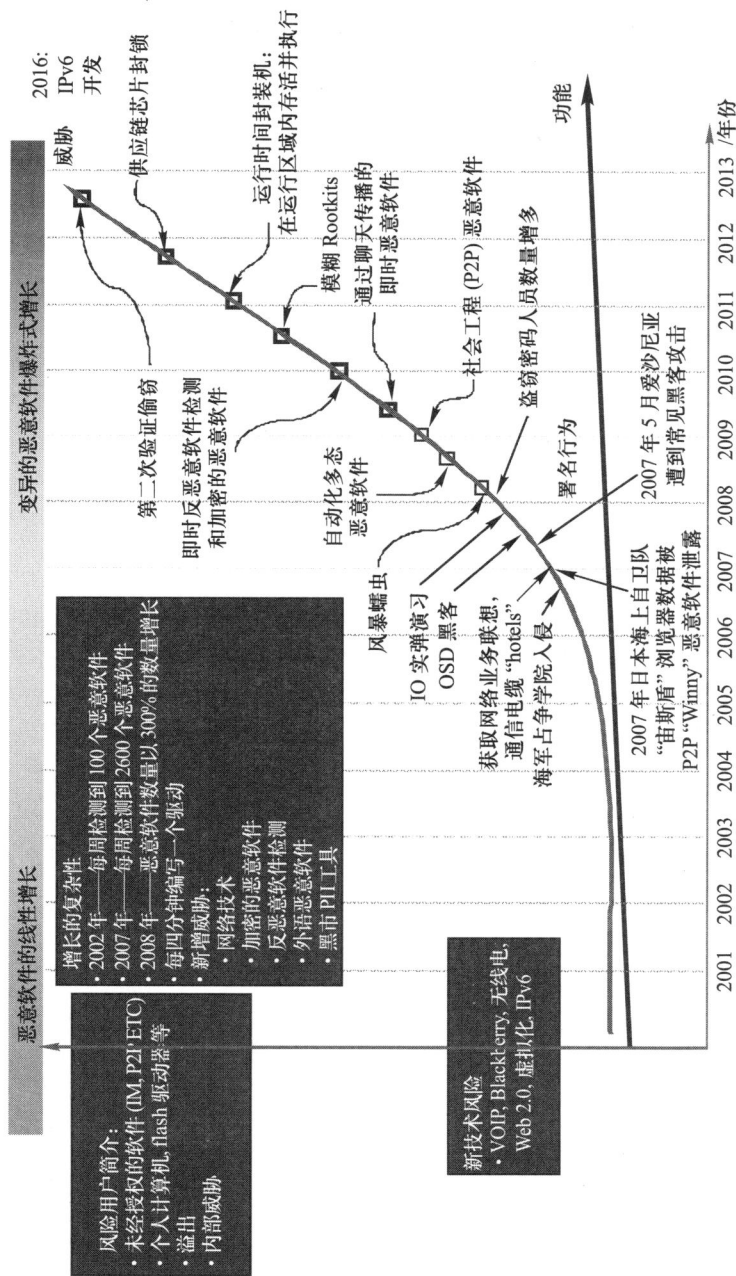

图 1.1 敌人网络威胁和网络攻击在数量及复杂度方面的增长趋势

(注：缩写词同语参见附录 A)

威胁的特征。相反,通常都会以特殊案例的方式对威胁进行讨论。目前,还没有关于网络威胁特征和思想的系统分类标准(除远程访问和近距离访问等高水平分类)。正如以上发现所指出的,这种分类的缺失是未来威胁预测难以发展的重要因素之一。

一种分类法为"优先原则"法,该方法在系统地描述普通系统漏洞的基础上对其进行分类。例如,网络最初可被分解为终端主机、中间节点(如路由器和为域名服务的服务器)或链接(国际标准化组织 1~4级)。每一个组件再被进一步分解 —— 例如,终端主机被分解为操作系统、应用程序以及硬件;然后这些组件再被分解,并依此类推下去;最后找出这个漏洞,预测利用这一漏洞所能制造出的威胁的性质。这样,遇到漏洞就不会被马上利用,但是将来很可能还是会存在威胁。当该委员会讨论分类法的必要性时,在此项研究的范围内仍未能得出一个可行方法。组织机构涉及风险的安全评估与衡量等相关操作,海军内部和外部(如美国国家航空和航天局、美国联邦航空管理局和美国核管理委员会)都面临着与 IA 相似的问题。该委员会认为通过启动和修改经典方法去处理 IA 风险独特的部分将有利于新方法的发展[20]。

今后,任何系统的发展都必须像这样注重未来潜在漏洞的评估和识别。此外,认识这些未来潜在漏洞对于指导研究与发展(Research and Development, R&D)反网络威胁技术来说也是必要的。R&D 不能仅仅针对现阶段存在的威胁。

总结上述观察可以发现以下问题。

发现: 根据网络威胁表征提出的不系统且被广泛接受的分类法是存在的,这样的一种分类法是基于分布式系统潜在漏洞点的优先原则特征描述进行划分的。一个系统的分类法对于指导 R&D 以及评估系统面对所有威胁的应变能力是十分必要的。

1.3 网络漏洞评估

根据以上威胁的描述讨论海军和国防部的系统漏洞。这一论述将以讨论未来趋势的方式来表达。

1.3.1 商业技术的军事应用

委员会认为无论是现在还是将来,在军方的关键任务和非关键系统中采用 COTS 技术对其取得经济优势 (与经济规模有关) 是十分必要的, 此外, 与自定义开发的系统相比其开发速度亦占优势。[21] 然而, 在关键技术网络中广泛采用 COTS 技术要面临遭到攻击的风险, 因为在应用这些技术的同时, 与其相对应的风险同样被共享。[22] 在关键任务系统中应用 COTS 通信和计算技术 (包括软件和硬件) 为军方获得经济和即时性技术的优势, 一系列与 IA 相关的风险必须被关注, 一系列与 IA 相关的管理这些风险的策略也必须被开发。采用 COTS 的产品, DoN 也面临着额外的挑战, 需关注他们的供应商如何对待 COTS 产品的安全性问题, 特别是, 共享或开放关于软件或硬件产品的知识会在关键时刻给敌人提供如何侵占和破坏系统的思路。此外, 由国外制造产品也给敌人提供了在设备中插入入侵或破坏命令的机会。[23] 另外, 私人企业根据优先级构建 COTS 设备, 优先级的不同取决于 DoD 和 DoN 对信息安全关注度的不同。

1.3.2 商业信息技术新方向及海军采用情况

随着计算机硬件和软件功能的扩展, 集多种功能于一身的商业产品也随之出现, 且功能越来越多。将用户开发的应用程序嵌入通信交换机中 (如思科公司面向应用的网络产品线); 提供远程监控和控制系统 (如摩托罗拉的监控和数据采集系统); 给操作系统添加越来越多的功能 (如微软的 Vista), 这些都是产品趋向于更多功能一体化的例子。此外, 商业产品的应用推动了直接成本的降低和系统管理的优化, 基于 COTS 的系统结构开始不断涌现, 出现了系统管理、系统运营和系统服务能力都更为集中的管理结构。

* 面向服务的体系结构允许分布式硬件和软件系统中集中式系统的运行与管理;
* 高性能通信交换机允许由逻辑控制的单模光纤局域网的通信信道取代被物理隔离并且被分别管理和控制的多模铜芯局域网;
* 自动化软件修补系统在使用中支持普通配置的用户计算机, 使之能够自动支持系统快速安装安全补丁。

在这种趋势下, 更加综合化的商业元素被海军系统所应用, 使之获得与商业化企业同样的优势。集成可以在某些情况下降低攻击的成功率, 然而, 由于扩大了组件与系统水平的集成, 攻击的范围亦被扩展, 更由此使得一次成功攻击的潜在影响也大大增加。[24] 这一研究观察所得出的推断并不是假想的, 而是在各种海军系统的开发活动中正在发生的事实 (见第 4 章)。

总结上述讨论的内容及前文可以发现以下问题。

发现: 商业技术在军事应用中的使用日益增长, 这大大增加了信息安全的风险。此外, 商业技术的新方向 (如单一产品集成的扩大) 和海军对新技术的采用将使风险进一步加剧。

1.3.3 被动对抗网络威胁

几乎每天都有新的网络安全威胁和漏洞被识别出来[25]。随着新漏洞的出现, 用以对抗这些漏洞的新措施也被引进。这些措施的共同要素是应对当前的威胁, 也就是说, 并不关注未来可能出现的威胁。委员会接收的许多报告认可了这种应对方法, 并表达了想要 "超越" 威胁的愿望。现在需要能够打破这种应对模式的新的替代方法。不过尽管普遍都希望这样做, 可委员会知道这几乎不会成功并且也未制定这种替代方法的发展计划。但有一项例外, 即已经开始研制利用网络攻击来支持网络防御的新方法 (参见以下讨论内容)。

这种被动姿态与目前海军 IA 策略是以 "最佳商业实践" 为标准这一事实相联系, 在上文所述的内容中已经有所反映。保守的商业市场定义的最佳实践缺乏军事所需的安全需求。例如, 商业市场由于常规非安全应用程序的使用将不容许病毒扫描器进行错误报警。这使得该行业焦点主要集中在基于特征的检测策略, 该策略在检测已知威胁时有很高的准确率, 但是在面对前所未见的新威胁时是盲目的。以商业实践为基础的海军 IA 策略会导致海军中被动的 IA 策略不能实现策略本身要超越威胁的期望[26]。海军可能会面临一个不同于商业行业所面对的威胁, 这可能会导致负面影响的加剧, 特别是在涉及国家冲突的情况下。

以下内容是对上述讨论的概括总结。

结论: 海军反威胁的主要方法基本上是基于商业最佳实践来抵制消除网络漏洞。同时 DoN 代表也与委员会协商, 表达了要 "超越" 威胁的需求, 委员会亦发现海军人员正在积极地对这些方法进行探索。

1.3.4 网络安全分层防御策略

委员会发现一些涉及 "分层防御" (或 "深度防御") 网络安全方法的使用。理想的模式是分层防御中有相互支持的安全层来处理分层内部和层与层之间的 IT 资产 —— 此时通常采用重叠领域,这样一个解决方案的失败不会危及整个系统 —— 还包括保护和检测措施。事实上,真正在网络系统中依靠广泛使用的技术实现连接或空隙的控制[27] 有时是存在大量孔隙,并易受 "终止运行" 的影响,例如 通用串行总线 (Universal Serial Bus, USB) 的驱动和 Wi-Fi 的连接[28]。深度防御是至关重要的,因为独立层的防御效果得不到保障,但是我们不能假定每一层都将有机会发生实物资产的防御 (如战斗群防御逆入式反舰导弹)。

由于 NIPRnet 被连接到因特网上,所以给分层防御法引入了特殊的漏洞。相互不受限制的 NIPRnet 到因特网的连接加剧了 "非正式的"NIPRnet 的使用,为对手提供了一个升级特权,使之可以找出并利用漏洞访问内部网络防御层。即使没有升级特权,对手也可能隐秘地破坏 NIPRnet 执行的许多重要功能。虽然委员会还未建立一整套依赖于 NIPRnet 的关键任务军事行动,但在后勤系统中使用 NIPRnet 已被认可,并成为在敌人潜在威胁下海军作战的一个重要方面。美国国防部正在考虑严格限制 NIPRnet,然而,美国国防部和海军部似乎存在着很多关于持续集成 NIPRnet 的不同观点,相对于许多其他 IA 减少的问题,NIPRnet 的开放使用有利于联系群众。

1.3.5　漏洞总评

海军部门网络安全漏洞的严重性是被普遍承认的,本研究委员会证明了这一点。这一认识使得这一领域的关注度得到提升,并研发了很多措施以改善这一状况。其中,一些举措的实施改善了海军部网络安全的态势。但是,海军越来越依赖信息技术系统,这是不值得信任的。IA 风险的降低是由于这种依赖将需要额外的方法来补充如今盛行的商业最佳实践的应对方法。在收到的报告中,委员会发现几乎没有计划发展一个替代方法的迹象。因此,可以预见现存的网络漏洞在将来会继续存在。[29]

认识到尽可能多的攻击及其相应的结果才能抵御所有的进攻,人们会发现一对未被定义的攻击/防御的矛盾中二者实力相差是悬殊的,其中攻击一方占据很大优势。在这种环境中,海军能够预见敌人将准确掌握其详细信息,引起网络连接拒绝或中断,关键数据误差和损坏的新攻击也将会随之出现。在海军舰队中正在探索用程序来 "斗争通过" 这些障碍,委员会希望这些努力能够得到认可,并提倡海军广泛开发和部署该项活动。

通过上述评估发现以下问题。

发现: 虽然有效的信息安全行动已被展开,但是来自海军部和国防部的消息显示: 一般而言,他们仍明显缺乏抵御各种情况下网络渗透威胁的能力。

1.4 相关研究中的重要发现

联邦政府资助研发中心及其他相关组织与委员会讨论了他们近年来开发的几项与 IA 有关的研究报告。[30] 本书的附录 D 中包含了这几项研究的内容摘要。此外,委员会还深入介绍了两个重要的与 IA 相关的咨询委员会的研究报告 (参阅下文)。委员会发现这些报告的主题均来自于各项研究,当把它们合并到一起时,就会形成海军为探索未来 IA 需求的战略发展基础部门的重要组成部分。

1.4.1 空军科学咨询委员会研究报告

在网络战的含义方面空军科学咨询委员会 (Air Force Scientific Advisory Board, AFSAB)[31] 于 2007 年的研究中有了重大发现:

- 部队在战斗过程中还未利用到复杂、秘密的网络攻击;
- 商业技术不能为这样的攻击提供解决方案。

AFSAB 强调漏洞被复杂的网络攻击所利用是在所难免的。因此,美国空军需要准备技术与操作的概念和程序去 "完成" 这样的进攻。委员会在这一发现上与 AFSAB 是一致的。

1.4.2 国防科学委员会研究报告

根据国防科学委员会 (Defense Science Board, DSB) 研究,于 2007 年发表的就网络中心战问题进行的信息管理的研究发现和建议可总结为以下三点[32]:

- 必须将信息战的作用视为一个重要的防御武器系统。
- 信息安全必须是信息来源与其风险管理相一致。
- 在管理 IA 风险时,利用商业中现成的信息技术需要增添创新策略。

与 AFSAB 一样, DSB 认为:"系统及其功能总是会受到攻击的,因此,系统操作总是在退化或被破坏的模式中进行。"[33] 鉴于这种想法和 DSB 的首次发现, IA 不仅起到支持的功能,还成为重要的作战需求。

DSB 指出信息安全保障了任务的顺利进行，说明附加应用程序抵消引入信息安全威胁的影响的优势评估需要一个正规的风险管理程序。

这些报告中所提建议需分阶段实现。然而，信息安全的诸多方面及其相关的网络战争的执行当前正经历着全面且反复的审查和国防部及各个军事服务部门的政策更新。

注释

① Naval Studies Board, National Research Council, 2000, *Network-Centric Naval Forces: A Transition Strategy for Enhancing Operational Capabilities,* National Academy Press, Washington, D.C., p. 1.

② 关于部队网的附加背景，参见 National Research Council, 2006, *C4ISR for Future Naval Strike Groups,* The National Academies Press, Washington, D.C., pp. 36-37; and National Research Council, 2005, *FORCEnet Implementation Strategy,* The National Academies Press, Washington, D.C., p. ix.

③ Naval Studies Board, National Research Council, 2000, *Network-Centric Naval Forces: A Transition Strategy for Enhancing Operational Capabilities,* National Academy Press, Washington, D.C., p. 12.

④ 国防部较之 "network-centric" 会更广泛地使用 "net-centric" 一词，这是为了编辑的一致性，本报告将使用 "network-centric" 一词，该词首次公开出现在 1998 年 1 月美国海军协会会议纪要中，文章由美国海军中将 Arthur K.Cebrowski 和 John J.Garstka 发表，题为 "Network-Centric Warfare: Its Origin and Future"。

⑤ Written statement by Lt Gen Charles E. Crooms, Jr., USAF, Director, Defense Information Systems Agency, before the U.S. House Armed Services Committee, April 6, 2006. Available at <http://www.globalsecurity.org/military/library/congress/2006_hr/060406-croom.pdf>. Accessed November 11, 2008.

⑥ Commandant, U.S. Marine Corps (Gen Michael W. Hagee, USMC). 2005. *A Concept for Distributed Operations,* Headquarters, U.S. Marine Corps, Washington, D.C., April 25.

⑦ 在委员会的工作中，网络安全漏洞和信息安全漏洞被视为不可分割的，因此，在本报告中被看作是等效的。

⑧ ADM Vern Clark, USN, Chief of Naval Operations; and Gen Michael W. Hagee, USMC, Commandant of the Marine Corps. 2002. *FORCEnet: A Functional Concept for the 21st Century,* Department of the Navy, Washington, D.C., February 2. Available at <http://www.navy.mil/navydata/policy/ forcenet/forcenet21.pdf>. Accessed November 10, 2008.

⑨ "脚本小子" 是用于业余黑客的术语, 典型的寻求机会主义。

⑩ "网络钓鱼" 是一种利用电子邮件进行欺诈的行为, 针对特定的组织寻求未经授权访问的机密数据。与常规使用的电子邮件钓鱼相比, 鱼叉式网络钓鱼邮件似乎来自可信任的来源。网络钓鱼邮件通常来自一个有广泛会员基础的大的或知名的公司或网站, 如易趣或支付宝。在网络钓鱼的情况下, 电子邮件的来源可能是被接收者承认的组织的某个个人, 也可能是处于权威位置的某些人。

⑪ Samuel T. King, Joseph Tucek, Anthony Cozzie, Chris Grier, Weihang Jiang, and yuanyuan zhou. 2008. "Designing and Implementing Malicious Hardware," *Proceedings of the First USENIX Workshop on Large-Scale Exploits and Emergent Threats (LEET),* San Francisco, Calif., April. Also available at <http://www.usenix.org/events/leet08/tech/full_papers/king/ king_html/>. Accessed February 18, 2008. 还可见, Defense Science Board, 2007, *Mission Impact of Foreign Influence on DOD Software,* Office of the Under Secretary of Defense for Acquisition, Technology, and Logistics, Washington, D.C., September.

⑫ 委员会定义了 COTS 技术, 包括商业开源的发展。

⑬ 例如, Bill Whitney and Tara Flynn Condon, 2008, "Five Ways Insiders Exploit your Network," *NetworkWorld,* May, at <http://www.computer world.com/action/article.do?command=viewArticleBasic&articleId=9083978 Accessed November 10, 2008.

⑭ 在 "零日" 攻击利用有针对性的计算机应用程序的漏洞之前, 一个补丁已经被创建或应用。被命名为 "零日", 是因为漏洞出现的第一天就被发现。

⑮ Samuel T. King, Joseph Tucek, Anthony Cozzie, Chris Grier, Weihang Jiang, and yuanyuan zhou. 2008. "Designing and Implementing Malicious Hardware," *Proceedings of the First USENIX Workshop on Large-Scale Exploits and Emergent Threats (LEET),* San Francisco, Calif., April. Also available at <http://www.usenix.org/events/leet08/tech/full_papers/king/

king_html/>. Accessed Feb-ruary 18, 2008.

⑯ 例如, 一份来自海军计划执行办公室关于 C⁴I 的报告指出海军 C⁴I 网络的平均时间是 6.7 年, 市场上新功能的开发平均时间需要 2~3 年, 参见 <http://www.afcea-sd.org/C4ISR2007SymposiumArchive/C4ISRDownloads 2007C4ISRPresentations/Day%202/Day%20PM%20Keynote/070523_AFCEA Symposium_FINAL.ppt>. Accessed February 26, 2009.

⑰ John Rollins and Clay Wilson. 2007. *Terrorist Capabilities for Cyber Attack: Overview and Policy Issues,* Congressional Research Service, Washington, D.C., January 22. Available at <http://www.fas.org/sgp/crs/terror/RL33123.pdf>. Accessed February 11, 2009.

⑱ 参见 Peter Finn, 2007, "Cyber Assaults on Estonia Typify a New Battle Tactic," *New York Times,* May 19, p. A01; and John Markoff, 2008, "Before the Gunfire, Cyberattacks," *New York Times,* August 13, p. A1.

⑲ Jason Sherman. 2008. "DOD Draws Lessons from Cyber Attacks Against Georgia," *Inside Defense,* Washington Defense Publishers, November 10.

⑳ 例如, 一个解决漏洞的潜在方式 —— 利用 Lubbes 描述对策特性 (CMC) 程序, 为解决系统安全需求问题的系统设计人员和对策开发人员提供框架程序。参见 S Herman O. Lubbes, Network Associates, Inc., 2001, "Countermeasures Characterizations Building Blocks for Designing Secure Information Systems," IEEE 0-7695-1212-7/01, p. 103. Available at <http://ieeexplore.ieee.org/ielx5/7418/20170/00932196.pdf?arnumber= 932196>. Accessed February 24, 2009.

㉑ 在国防部系统使用 COTS 额外的好处是员工熟悉产品, 这意味着在训练过程中存在着潜在的节约和效能。

㉒ 附加背景, 参见 Samuel T. King, Joseph Tucek, Anthony Cozzie, Chris Grier, Weihang Jiang, and yuanyuan zhou, 2008, "Designing and Implementing Malicious Hardware," Proceedings of the First USENIX Workshop on Large-Scale Exploits and Emergent Threats (LEET), San Francisco, Calif., April; "The State of Offensive Affairs in the COTS World," at <http://www.fastcompany.com/magazine/127/nexttech-fear-of-a-black-hat. html>; Brian Grow, Chi-Chu Tschang, Cliff Edwards, and Brian Burnsed, 2008, "Dangerous Fakes," BusinessWeek, October 2, at <http://www.caughq. org/exploits/CAU-EX-2008-0002.txt>; and SecuriTeam™, Beyond Security,

2008, Kaminsky DNS Cache Poisoning Flaw (Exploit), McLean, Va., July 24. Available at <www.securiteam.com/exploits/5EPOM15OUq.html>. All accessed February 11, 2009.

㉓ Defense Science Board. 2007. Mission Impact of Foreign Influence on DOD Software, Office of the Under Secretary of Defense for Acquisition, Technology, and Logistics, Washington, D.C., September.

㉔ 最近由卡耐基梅隆软件工程学院出版的文章认为, 随着复杂性的增加, 网络系统的组成有时可能来自意图及可信度都不明确的其他系统的处理信息。导致在一个复杂的系统中的分层结构具有不良属性, 这些层次的每个点和链路都有可能成为整个系统的一个单点故障。也就是说, 如果一个函数或系统的成功取决于它的每一个组件和子系统的成功, 那么任何一个组件中的错误、漏洞、或故障都会传播到整个系统中, 破坏系统的成功。参见 Carol Woody and Robert Ellison, 2007, "Survivability Challenges for Systems of Systems," Carnegie Mellon Software Engineering Institute, No. 6, Pittsburgh, Pa.; and David Fischer and Dennis Smith, 2004, "Emergent Issues in Interoperability," Carnegie Mellon Software Engineering Institute, Pittsburgh, Pa., No. 3. Both are available at <www.sei.cmu.edu/news-at-sei/columns>. Accessed February 25, 2009.

㉕ 例如, 见 2008 年 5 月 21 日 CyberInsecure.com (张贴日常的网络威胁和网络安全的消息通知): "在伦敦 EUSecWest 安全会议上, 来自 HP 系统安全实验室的 Rich Smith 表面, 攻击使嵌入式系统硬件被损坏将无法修复。攻击可实现远程互联网操作"; 2008 年 5 月 12 日: "安全研究人员已经发现一种新的技术用于开发根工具, 恶意包用于隐藏损坏系统恶意软件的存在。而在虚拟层中隐藏的根工具可以进入系统管理模式, 一个独立的内存和执行环境支持英特尔芯片处理类似内存错误的问题的设计; 2008 年 11 月 20 日: "最近增加的恶意代码传播通过 USB 闪存驱动器迫使美军在蠕虫开始蔓延整个网络后中止 USB 和可移动媒体装置的使用。为了遏制 Agent-BTz (一种 SillyFDC 蠕虫的变异) 的传播, USB 驱动器、软盘、光盘、外部驱动器、闪存卡和其他可移动媒体设备已被停止使用"; 2009 年 1 月 19 日: "据 RIM 发出警告, 黑客可以利用发送陷阱 PDF 附件到黑莓设备来发起恶意代码的攻击。本周, 该公司发布了一个补丁用以解决影响该产品的关键漏洞。" 所有访问在 2009 年 2 月 17 日, 每周的网络安全报告提供新漏

洞的概要和等级, 这些信息也由美国计算机应急小组提供; 参见 <http://www.us-cert.gov/cas/ bulletins/>. Accessed February 17, 2009.

㉖ 委员会听取了国家安全局和国防部高级研究计划局关于网络防御概念的研究探索。这些新出现的概念应该有助于解决海军部对更加积极的策略的需要。

㉗ 通过手动操作在空中间隙防御中插入一个故意放置的间隔到其网络连接中 (参见 Naval Studies Board, National Research Council, 2000, Network-Centric Naval Forces: A Transition Strategy for Enhancing Operational Capabilities, National Academy Press, Washington, D.C., p. 36).

㉘ 例如, 参见 U.S. Cyber Emergency Readiness Team, National Cyber Alert System, Cyber Security Tip ST08-001, "Using Caution with USB Devices," updated November 4, 2008. Available at <http://www.us-cert.gov/ cas/tips/ST08-001.html>. Accessed February 23, 2009.

㉙ 大量报告对信息作战状态变化的性质和在公共与私营部门的潜在影响, 以及美国的军事力量进行描述, 包括国会的非保密报告。例如, U.S. Government Accountability Office, 2007, *Cyber Crime: Public and Private Entities Face Challenges in Addressing Cyber Threats,* Report to Congressional Requesters, Washington, D.C., June; John Rollins and Clay Wilson, 2007, *Terrorist Capabilities for Cyber Attack: Overview and Policy Issues,* Congressional Research Service, Washington, D.C., January 22; and U.S. Government Accountability Office, 2008, *Cyber Analysis and Warning: DHS Faces Challenges in Establishing a Comprehensive National Capability,* GAO-08-588, Report to Subcommittee on Emerging Threats, Cybersecurity, and Science and Technology, Committee on Homeland Security, House of Representatives (Table 2, p. 7, Sources of CyberThreats), Washington, D.C., July.

㉚ Michael McBeth, Office of Naval Research Advisor, and Lawrence Lynn, Center for Naval Analyses Representative, "Current Naval Research Information Assurance Studies," presentation to the committee, April 28, 2008, Naval Network Warfare Command, Norfolk, Va.

㉛ Thomas F. Saunders, Chair, USAF Scientific Advisory Board Summer Study, "Implications of Cyber Warfare," presentation to the committee, March 6, 2008, Washington, D.C.

㉜ Defense Science Board. 2007. *Defense Science Board 2006 Summer Study on Information Management for Net-Centric Operations,* Office of the Under Secretary of Defense for Acquisition, Technology, and Logistics, Washington, D.C., April, p. 7.

㉝ Defense Science Board. 2007. *Defense Science Board 2006 Summer Study on Information Management for Net-Centric Operations,* Office of the Under Secretary of Defense for Acquisition, Technology, and Logistics, Washington, D.C., April, p. 88.

第 2 章

信息安全和网络防御措施

美国国防部的指导文件中,将信息安全定义为 "保护和防护信息和信息系统安全运行,确保其可用性、完整性、可认证性、机密性和不可否认性的措施。包括综合提供保护、检测和反应能力,确保信息系统的可恢复性。"[1]

此外,美国国防部在一个有效的网络中心运营环境的长期愿景和相关的全球信息栅格[2] 中, 提出了国防部信息安全能力和实践的如下愿景:

● 保护事务信息 —— 端到端的点式安全控制, 以保护在可信任多变的网络中心内部环境中的信息交换;

● 激活企业的数字策略 —— 通过数字策略高度自动、协调的分配与执行, 实现对不断变化的任务需求、攻击和系统退化的动态响应;

● 防御内部敌人 —— 持续监视、检测、搜索、跟踪和应对企业内部人员的活动和错误操作;

● 集成安全管理 —— 动态自动网络中心安全管理与作战管理无缝集成;

● 增强网络中心系统的完整性和可靠性 —— 将稳固的 IA 嵌入企业组件并对整个生命周期进行维护。[3]

由于 GIG 互相关联的性质,IA 是国防部及其下属机构的共同需求和功能。每个机构负责开发自己的网络相关任务和结构,并对 GIG 相应部分信息进行控制和防御。因为 GIG 中海军节点与非海军节点交织在一起,GIG 部分领域信息安全能力的空白潜在地影响着其他领域。

然而,众所周知,上述 GIG 信息安全问题不是当前的现实,因此,同

DoD 及其他机构一样, 美国海军部也在实施信息安全和网络防御计划, 以改善其网络抵御当前威胁的能力, 帮助网络中心企业接近所述 IA 愿景。由于 GIG 的互连性, 跨越国防部大量部门的 IA 计划对海军也非常重要 (见第 6 章描述的国防部、海军和海军陆战队网络防御的责任)。

在其数据采集的过程中, 委员会简要介绍了海军和 DoD 正在进行的与 IA 相关的计划, 以及所有明显的可能直接和间接影响海军信息安全的组织。④ 然而, 尽管为更好地完成信息安全就需要集成更多的解决方案, 但没有一方能向委员会呈现海军或 DoD 计划的完整清单。相反, 每一方都主要集中在其个人权限内实施计划。⑤ 除了接收这些报告, 委员会也进行独立研究, 以获得对计划更多的理解。以下部分是根据信息的主要来源以及对这些计划的总结和讨论。

2.1　海军部首席信息官信息安全计划

来自美国海军部首席信息官 (DoN CIO) 办公室的委员会报告指出, 海军部积极参与和执行国防部指定的相关计划及 IA 措施。⑥ 这种关系看起来是卓有成效的, 它为海军部提供了利用海军部以外的国防部功能的能力 (如美国国防部提供的数字签名和加密功能来帮助验证用户身份)。除了为海军提供便利, 使其能利用 DoD 范围的功能外, 还公布了美国海军部愿景及其下一代企业网络 (NGEN) 的计划和实现了监控并分析网络信息海军的普罗米修斯⑦ 系统, 这些活动均成为提高海军网络战 (NETWAR) 和部队网 (FORCEnet) 企业信息安全的积极步骤。

海军部副首席信息官 (DCIO) 为海军部高级信息安全干事 (SIAO)。DCIO 向委员会汇报的一个特别有趣的计划是, 全力建立一个由海军部首席信息官、海军作战部部长办公室、美国海军陆战队和海军犯罪调查机构共同组成的网络工作小组。⑧ 这一特别工作组由海军部首席信息官主持, 并接受海军/海军部首席信息官副秘书长的监督。特别工作小组的任务主要包括以下几个方面:

- 清晰表述海军部计算机网络攻击 (CNA)、计算机网络开发 (CNE) 和计算机网络防御 (CND) 的协作过程以及这些活动的反间谍活动 (CI);
- 确保将 CNA 和 CNE 活动反馈给 CND, 保证 CND 的计划与执行, 并确保为 CI 活动提供类似的反馈循环;
- 提供一个完整、协调的 DoN 内部网络活动的视图;

● 确保对网络活动同步且协调的投资;

● 使角色和职能相匹配,以确保网络相关政策的及时执行,帮助网络产品的实现,提供定义明确的网络实践管理和集中、协调的网络投资实践。

2008 年 3 月,DCIO 提交简报时提出的成立特别小组的请求获得海军部长的批准。如果成立,特别小组可以解决诸如 CND、CNA 和 CNE 间的联结等重大问题。⑨

DCIO 向该委员会提供了一系列其他 DoN IA 措施清单,详见表 2.1。DCIO 还向该委员会提交了一份由海军实施的 DoD 范围的 IA 措施清单 (措施具体内容详见表 2.2,详细讨论见 "防御范围的 IA 措施" 部分)。通过与后面部分讨论到的解决海军网络战司令部 (NETWARCOM)、海军信息系统安全计划 (ISSP)、海军空间以及海战系统 (SPAWAR) 和其他舰队作战发起的 IA 措施的海军行动进行比较,可以看出表 2.1 并未列出全部的 DoN 措施。

表 2.1 海军部当前的信息安全措施: 选择列表

首次交锋的财政年度 (Fy)			
2008	2009	2010	2011—
密码登录	密码加密	单客户与虚拟机概念结合	下一代企业网络
用于访问 (研究) 的政策执行工具	海军/海军陆战队内部网 "Sweet 16"	下一代企业网络安全计划和操作的概念	
基于属性的访问控制 (试点)			
海军部长警告命令			
无线安全			
网络资产削减与安全			
注: 海军和海军陆战队内部网信息安全保障行动 —— 通常被称作 "Sweet 16" —— 在本章及本章表 2.4 中的分段讨论中被称为 "海军和海军陆战队内部网"。 来源: 信息源自 2008 年 3 月 6 日,海军副首席信息官 John Lussier 于华盛顿哥伦比亚特区提交给委员会的 "海军首席信息官组织部门" (Department of the Navy CIO Organization) 一文			

表 2.2 国防部范围当前的信息安全措施: 选择列表

首次交锋的财政年度 (Fy)			
2008	2009	2010	2011—
国防部非军事区	国防部培训计划 (正在进行)	非保密的因特网协议路由器网络 (NIPRnet) 深潜 (深潜后非保密信息受控制在非军事区)	全球信息栅格任务保证计划
认证与鉴定		供应链风险管理	
公钥基础设施 (正在进行)			
常见体系结构的企业标准 (正在进行)			
可信计算联盟 (正在进行)			
联合工作组 – 全球网络运营			
安全意识消息			

注: 解除武装地区或非军事区为捍卫全球信息网格提供了一种分隔因特网与外部国防部网络接口的方法, 从而限制漏洞的恶意攻击、蠕虫和病毒等对网络造成的威胁。

来源: 信息源自 2008 年 3 月 6 日, 海军副首席信息官 John Lussier 于华盛顿哥伦比亚特区提交给委员会的 "海军首席信息官组织部门" (Department of the Navy CIO Organization) 一文

2.2 海军网络战司令部信息安全计划

海军网络战司令部有两个主要职责: 典型指挥官⑩ 和作战指挥官。前一角色的职责和其他领域的指挥官一样, 负责对网络操作进行组织、培训和装备。但是, NETWARCOM 不直接参与采办。对于后一角色, NETWARCOM 负责管理从海军/海军陆战队内部网 (NMCI) 到网络运营中心级别的网络和网络安全。除了其他与委员会进行的关于 IA 问题与政策的讨论, NETWARCOM 相关人员提出了以下主要措施, 其中一些也正在由海军陆战队和海军陆战队网络作战与安全司令部进行具体实施:⑪

- 操作指定的批准机构。提供了一个端到端的认证与鉴定 (C&A) 程序的方法。这一举措意在减少 C&A 周期时间。
- 公钥基础设施 (PKI)。实现了所有海军非保密网络的加密网络登录需求。消除 "大礼帽" 解决方案, 要求被保护海军系统使用公共访问卡 (CAC) 进行访问, 还包括生物特征识别技术的调查研究。
- IA 计算机网络防御。提供所有海军网络监测, 分析趋势, 并发展缓解策略。定期检查所有的政策和程序, 并提供安全的海军工业基地和承包商网络之间的关系。
- 静态数据。为所有移动计算设备和可移动媒体进行加密处理, 以约束非保密信息和个人身份信息。[12]
- 网络资产减少与安全。减少了传统网络的数量, 从而降低了这些网络中固有的漏洞。
- 无线安全。为无线解决方案和由此引起的扩大 GIG 流动性提供技术指导。这一举措还包括基于 CAC 的 PKI 签名和加密无线电子邮件的 PKI — Secure Blackberry。

许多 NETWARCOM 信息安全措施也反映在表 2.1 所列举的海军部信息安全措施中。

2.3 信息系统安全计划行动

信息系统安全计划是美国海军的研究、开发、测试和评估 (RDT&E) 的程序单元, 它包括海军部个人信息安全项目。[13] 该计划在 Fy2008 到 Fy2013 期间每年获得大约 3000 万美元财政年度预算, 包括研究与开发 (R&D) 以及技术实现经费。Fy2009 预算调整文件中海军信息系统安全计划描述如下:

海军信息系统安全计划研究、开发、测试和评估项目为海军提供了以下这些基本信息安全的元素: ① 保证信息水平和广大用户 (包括合作伙伴) 的分离; ② 保障电信基础设施; ③ 利用深度防护体系结构保障联合用户飞地; ④ 保障计算基础和信息存储; ⑤ 支持保障技术, 包括公钥基础设施 (PKI) 和目录。所有 ISSP RDT&E 活动的目标是生产最好的 USN 操作系统, 以满足 DoD 指令 5200.40 (新 DoDI 85xx 系列等) C&A 需求。模型化 DoD 和商用信息及电信系统进化 (而不是一次性的发展), ISSP RDT&E 程序必须可预测、自适应和技术耦合。程序开发框架、体系结构和基于任务威胁的产品、临界状态的信息、开发风险、风险管理和联合信息系统集成工作。[14]

　　在海军展览 R-2 RDT&E 项目所列关键 ISSP 项目详见表 2.3。海军 ISSP 项目中最大的单个 Fy2009 预算条目是海军加密现代化计划。在这个特定的程序元素中,其相关的安全通信预算为 875 万美元。[15]

表 2.3　海军信息系统安全计划中的信息安全措施

IA 项目名称	项目描述
计算机网络防御	开发和实现了一个集成系统,该系统包括过滤器、防火墙、入侵预防系统、补丁管理、加密和其他的漏洞修复工具以及舰队和海岸的网络政策
加密现代化	为配合联合服务和国家安全局,提供开发支持、规范、采购文档和识别以及选择加密产品的测试以实现安全通信。按照参谋长联席会议的现代化日程安排替代吊销系统
IA 准备	提供系统安全工程支持海军部所有组织部门的 C&A 信息系统
保密话音	完成安全通信互操作性协议决定功能的开发和集成测试,以实现正在进行的 off-ship 安全通信能力
跨域的解决方案	提供系统安全工程开发、测试和多级安全解决方案评价 (数据库、Web 浏览器、路由器/交换机等),以实现联合参与
密钥管理基础设施	为各种海军系统开发先进的密钥管理的安全测试、C&A
新兴技术	支持海军部信息安全体系结构的发展和处理海军信息安全的挑战新技术的过渡
来源: Department of the Navy. 2008. "Department of the Navy Exhibit R-2 RDT&E Budget Item Justification," Washington, D.C., February, p.2	

2.4　信息技术和网络程序信息安全计划

　　大多数海军信息安全活动是嵌入在大型海军计划具体活动相关的信息技术、网络项目和 ISSP 目标化 IA 聚焦方案中。委员会详细介绍了三个主要计划: 海军/海军陆战队内部网,下一代企业网络计划 (继承 NMCI) 及海军的加固水上网络和企业服务 (CANES)。委员会强调的这三个主要计划的信息安全保障组成,概括如下。

2.4.1 海军/海军陆战队内部网

海军/海军陆战队内部网,拥有超过 650000 用户,是世界上最大的团体内部网,并代表单个最大的政府 IT 合同。⑯ 目前通过合同外包组织 —— 海军 NETWARCOM、全球网络运营中心管理,为 NMCI 海军飞地提供 IA 和网络防御监督,MCNOSC 为 NMCI 海军陆战队飞地提供 IA 和网络防御监督。因此,外部管理 NMCI 日常运营的同时,在适当情况下,许多现有的海军部和国防部 IA 措施被应用到 NMCI 系统。表 2.4 列举了前 16 个现行 NMCI 网络安全保障措施,并在 2010 年 NMCI 转换成 NGEN 之前,实施所有计划。

表 2.4 海军/海军陆战队内部网的当前信息安全措施

措施	描述
入侵防护系统	入侵检测基础设施升级
日志记录基础设施	整合日志记录基础设施,以支持网络审计和事件响应
防火墙套件	实现改进防火墙的保护
改进的公共密钥基础设施	实现服务范围的电子邮件签名和加密
改进的 IA 漏洞预警管理	提高 IA 漏洞修复的可靠性和实现网络访问控制
基于主机的安全系统	实现国防部企业范围的自动化和标准化的工具,抵御可能渗透边界防御的内部或外部威胁,以确保端点 (服务器、桌面和笔记本电脑) 的安全。提供基于主机功能的集中管理
静态数据加密	为所有移动计算设备和可移动媒体加密
网络配置管理	提供和维护当前网络配置数据和保证安全性测试和评估的连续访问
两因素身份验证	使系统管理员能够为所有账户提供改进的认证
Blackberry PKI	为 Blackberry 电子邮件提供 PKI 支持
网络取证	为 IA 事件相关的成像系统硬盘驱动器建立一个基于网络的取证工具

(续)

措施	描述
安全事件管理	实现系统提供与其他海军和海军陆战队系统兼容的安全信息管理
通用访问卡支持	提供通用访问卡的网络接入认证
安全配置合规验证计划 (SCCVI)/安全配置补救措施 (SCRI)	实现国防部推荐的工具以发现资产和识别已知的安全漏洞 (SCCVI), 和实施纠正措施以减少漏洞 (SCRI)
统一资源定位符/内容过滤	提供高级应用防火墙技术以更新和替换老化、现有系统应用程序
全球访问列表	更新访问目录, 并提供证书以允许军事组件同步
来源: 来自于提交给委员会的信息 Terrelle C. Bradshaw, Naval Network Warfare Command, Global Network Operations Center, "NMCI IA Overview," April 29, 2008, Norfolk, Va	

2.4.2 下一代企业网

当前计划主要针对下一代企业网络, 包含当前海军/海军陆战队内部网, 加上海外海军企业网 (ONE-Net), 剩余的 "遗产" 网络, 海军 21 世纪网络 (IT-21) 舰载 IT 和海军陆战队网络 (MCEN)。[⑰] 因此, 最近被添加到 NMCI 的许多安全功能可能一开始就被集成到 NGEN 并增强 NGEN (见图 2.1 现有海军网络系统之间的关系图)。

正如委员会报告所述, 可以预料, 将来 NGEN 更新会将 NMCI、ONE-Net、IT-21 和 MCEN 四个相互独立的管理环境转变成为一种全球集成的、网络中心海军部企业, 以支持网络运营 (NETOPS) 和利用国防部的全球信息栅格及可用的国防部企业服务。这种集成工作有望改善整个海军以网络为中心的企业的、最大的网络信息安全。并且, 下一代企业网络项目管理假定海军/海军陆战队内部网的 NGEN 一个关键的 IA 改进是提高 NGEN 安全管理, 使海军部能全面了解网络。可能出现的情况是, 如果依据公开报告中的现行计划, NGEN 的 IA 和网络防御由 NGEN 内部管理, 而不是通过如 NMCI 运营现状合约组织管理。

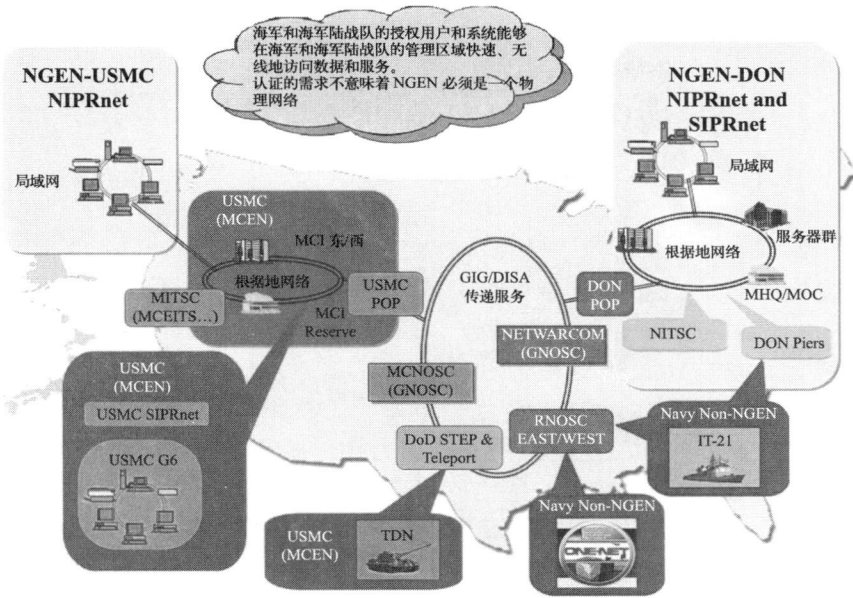

图 2.1   下一代企业网络 (NGEN) 的系统关系 (注: 缩略词定义见附录 A)

来源: RADM(S) David G. Simpson, USN, 海军网络部主任, 海军作战部副部长, 通信网络 (N6), "下一代企业网络 (NGEN) 和统一的水上网络和企业服务 (CANES)," 委员会报告, 2008 年 5 月 29 日, 华盛顿

2.4.3   综合海上网络和企业服务

海军海上网络和企业服务项目主要是针对海上网络的系统重新设计和程序采集。但是, 它也可以被视为一个旨在巩固和减少网络基础设施、[18]减少舰载遗留系统、提高海上平台飞地网络能力的广泛倡议。CANES 常见计算环境包含关键的与 IA 相关措施 (包括其内置的计算机网络防御能力) 跨领域解决方案和面向服务的体系结构 (SOAs) 的利用。委员会意识到了这一网络体系结构方法的优点和缺点, [19]因此在第 4 章对 IA 体系结构和 SOAs 专门进行了详细的描述。

委员会提出的 CANES 项目时间线是多年度的, 计划实施跨度从 2008 到 2016 年。然而, 从 2009 年开始使用的 CANES"早期用户", 将允许测试程序的关键 IA 架构特性, 使之有机会适应所需的 SOA IA 程序特性和满足强化 NIPRnet 架构要求。委员会认为 CANES 早期用户为建立一个重要的海上安全 IA 改进测试平台提供了一个机会, 具有极大的潜在利用价值。

2.5　空间/海战系统司令部和 PEO C⁴I 信息安全计划

海军系统命令必须了解和应对海军和国防部指令提出的 IA 计划和设计要求。因此, 委员会听取了美国海军 SPAWAR 工程司令部及其指挥、控制、通信、计算机和情报 (PEO C⁴I) 项目执行办公室人员关于关键信息安全计划和相关问题的讨论。

SPAWAR / PEO C⁴I 人员负责相关责任领域的 IA 架构, 范围从岸上网络操作中心到海上船舶, 并正在努力构建该领域的 "纵深防御"。因此, SPAWAR 人员采取了一些措施来应对由于信息架构的各种组件受到攻击引起的潜在退化。这个活动的目的是, 使 SPAWAR 的 IA 能力从其信息系统安全工程的专业知识进化而来。这样的系统安全工程相关概念已被应用到大量的开发系统相关的技术中, 包括 CANES、卫星通信平台和联合战术无线电系统。SPAWAR 的信息安全组织向委员会报告的主要 IA 计划, 反映在之前表 2.1~ 表 2.3 中讨论和报道的计划中。为了简便起见, 这些计划未在这个报告中单独列出。然而, 除了之前报道的海军行动外, SPAWAR 的 PEO C⁴I 和 PEO 空间人员也主要负责海军设计和工程系统范围的深度防护的概念; 他们还负责开发 IA 架构的指导, 因为它涉及海军系统中 SOA 工具的执行。[20]

2.6　舰队信息安全计划

委员会与美国太平洋舰队司令、太平洋舰队高级技术顾问、美国第三舰队资深员工代表、"诺曼底" 号导弹巡洋舰 (CG-60) 指挥和网络人员进行了讨论, 以更好地理解信息安全对舰队行动和舰队任务的影响。目前正在研究中的若干举措应该是有利于通过网络攻击和网络功能舰队的退化进行分级别的操作。尤其因为当前的行动已得到证明, 委员会相信太平洋舰队正在进行的网络防御相关的工作, 及 SPAWAR/PEO C⁴I 中相关的工程进展应该得到整个海军部队的大力支持和广泛采用。

2.7 防御部门信息安全计划

海军部 CIO 向委员会提交了一份国防部范围内海军正在实施的 IA 行动计划清单 (详见表 2.2)。

除这些行动计划外, 委员会还简要介绍了国防部信息安全和当前负责信息和身份安全的国防部副部长办公室 (ODASD[I&IA]) 发起的 IA 行动计划。表 2.5 总结了来自 ODASD(I&IA)IA 行动计划信息。根据报告, ODASD(I&IA) 准备向 IA 行动计划提供更全面的战略方法。

表 2.5 负责消息和身份安全的国防部副部长办公室: IA 计划总结

IA 战略区域	IA 措施实例
核心网络保护	非军事区、防火墙、网络传感器
网络弹性 (可恢复性)	弹性架构
安全的信息访问	特权管理
IA 系统/平台	计算机紧急反应小组
网络操作	IA 采办
跨域共享	盟军互操作性和安全性
全球化/供应商安全保障	供应链风险管理、软件和硬件安全
国防工业基地	漏洞报告过程
身份认证	公钥基础设施部署
研究技术嵌入	国防高级研究计划局和 IA 研究
培训/教育	IA /人员准备员工认证
国际准备	国际 IA 最佳实践
加密现代化	高保证因特网协议加密机
密钥管理	密钥管理基础设施
来源: 来自于提交给委员会的信息 Robert Lentz, Deputy Assistant Secretary of Defense for Information and Identity Assurance, "Overview of Department of Defense IA-Related Responsibilities, Initiatives, Strategies, and Studies," Washington, D.C., March 5, 2008	

相关但独立于这项工作的一项工作是, 国防部范围的全球信息栅格 IA 投资组合管理程序 —— GIG 信息安全投资组合, 或 GIAP —— 目前负责帮助国防部和军事服务机构进行战略 IA 的投资分析和输入。同时 GIAP 是负责网络和信息集成的国防部副部长办公室下属机构, 其目前管理总部设在美国国家安全局 (NSA), 指定的领导机构定义国防部

GIG IA 架构。与 ODASD(I&IA) 所提供给委员会的类别略有不同，GIAP 使用一组广泛的战略类别跟踪 IA 行动计划。另外，在这个项目中，GIAP 负责领导整个国防部的"企业启用" IA 行动，如公共密钥基础设施和关键管理基础设施。GIG IA 将上述观点提交给委员会的 IA 行动计划清单，如表 2.6 所列。

表 2.6 GIG IA 组合角度的国防部和海军部信息安全计划

IA 战略区域	IA 措施实例
机密性 (保护数据和网络)	加密现代化、高保障互联网协议加密机、保密语音、边缘系统
计算机网络防御 (防御全球信息栅格 (GIG))	非军事区，基于主机的安全系统
保证信息共享	跨域共享、跨国信息共享
企业安全管理	密钥管理基础设施，公共密钥基础设施，享有特权的管理
基础	IA 培训、企业范围的认证与鉴定、最佳实践
来源：来自于提交给委员会的信息 Richard Scalco, GIG IA Portfolio Manager, "GIG IA Portfolio Management Office", July 16, 2008, Fort Meade, Md	

委员会还收到了来自美国战略司令部全球网络作战联合特遣部队 (JTF-GNO) 和国防信息系统局 (DISA) 的信息安全简报。JTF-GNO 指导全球信息栅格的作战和防御，以支持国防部的各种任务。[21] DISA 作为国防部企业范围组织，提供国防部网络中心战的信息安全支持工具和服务。DISA 负责协调其他联邦机构和企业，提供安全配置指南、清单、扫描工具，及正确配置和管理应用程序的其他标准、设备及美国军事指挥全部 GIG 飞地。DISA 还计划、获取和部署企业范围的工具和功能，以提高防御、攻击感知和反应，以及态势感知能力。在其战略文档中，DISA 报告了一些正在进行的关键 IA 行动，包括完成如下与 IA 相关的行动计划：[22]

- 提供标准联合信息共享功能；
- 在整个 GIG 部署网络身份凭证，以实现更安全、更广泛的分享；
- 不断评估公钥基础设施架构的有效性；
- 重新设计 NIPRnet 和 SIPRnet，包括某些共享组件 (如域名系统)，

以大大提高安全性并完善共享；

• 加强 DoD 和因特网之间、DoD 和其他美国网络及联盟网络之间网关的开发和运营;

• 在服务和代理商的辅助下,计划和执行所有公开可见的、面向合伙人的应用程序和服务,并将其移入非军事区,以改善共享和提高安全性。

基于委员会的集体咨询,单一、全面地包含整个国防部的 IA 行动计划的视图似乎是不存在的。尽管前面提到的所有组织都无法向委员会提供一个单一、全面的国防部范围的 IA 行动计划,但委员会通过拼凑来自这些不同来源的信息构建自己的全面视图。随着解决方案开始进入国防部信息系统的应用程序层,获得一个全面的视图将变得更加困难,因为这些解决方案随后可能会与个别的飞地管理共同存在。实现这一全面的视图需要开展大量的工作 —— 为了选择和同步集成 IA 的解决方案,委员会认为其中一些工作是非常必要的。

2.8 其他信息安全计划

除了前面讨论的信息安全措施,委员会还介绍了国防高级研究计划局和国家安全局正在使用的相关措施,及当前包括实现海军网络安全倡议的研究概况。虽然这三个领域的工作的细节不能在这种非机密报告中进行讨论,但海军应该尽一切努力将这些发展充分利用到自身的系统中去。

2.9 行动计划总评

通过回顾上述工作和在第 1 章讨论的威胁,在以下发现和建议里提出了一个主要的意见。

主要发现: 海军部已经进行了一系列不同的 IA 行动计划,这些 IA 行动计划是最佳商业 IT 实践的典型代表。然而:

• 无法综合评估确定实施计划的影响;

• 这些计划的实现需要占用大量资源,有时甚至用时超过 3 年,导致许多海军网络易受到已知开发的攻击;

• 即使所有的现有计划都得以成功实现,这些网络仍不能保证可以应对很有可能发生的更为复杂的各种攻击。

主要建议: 由于直接的和日益增长的网络威胁,负责研究、开发和采办的海军部副部长办公室 (ASN[RDA]), 应与国防部办公室和国家安全局合作, 对技术机会和架构的选择进行彻底检查, 制定一个全面的重建海军网络和计算飞地的计划, 实现其可恢复性以应对复杂的敌对网络攻击。这个计划需要结合已经由国防部研究机构开发的先进技术程序、任务保障概念和主动防御, 超越商业最佳实践。该计划还应该建立操作指标, 并为这些指标标定基线, 设定改进目标。

前文提到的由 DoN CIO 提升的网络工作小组, 提出了在整个网络防御、网络攻击和网络开发整合策略及行动中的需求重点。这一重点也在其他几名委员会内部讨论会上进行过探讨。委员会就网络进攻与网络防御一体化的作战优点进行了简要的一般性讨论, 详见第 3 章。委员会还发现, 采办和开发人员经常孤立地观察信息安全。在作战方面, 高层很赞赏一体化的观点, 但是基层人员持有不同意见。根据这些观察, 报告给出了以下发现和建议, 作为这个报告的主题。

发现: 不能再像传统观点一样, 将信息安全视为一个孤立的主题。

建议: 信息安全应与任务安全实现更广泛的集成, 以达到预期的效果—— 维护网络的可用性和数据的完整性, 同时通过成功的攻击, 建立更广泛的作战方法。信息安全提供的防御能力, 就像 "传统" 海军作战行动是集成了监视和攻击一样, 应得到网络侦察和网络攻击的支持和辅助。

这份报告的后续章节详细说明了这些发现和建议, 并对问题的改进提出了其他建议。

注释

① Department of Defense. 2003. Department of Defense Instruction 8500.2. Information Assurance Implementation, Washington, D.C., February.

② 国防部指令 8500.2 的内容同上, GIG 包括 "关于收集、处理、存储、传播和管理战士、政策制定者和支持人员的需求信息问题的全球互联, 端到端的信息能力, 合作流程及人员。"涵盖了所有国有及租借的通信与计算机系统和服务, 以及所有软件、数据、安全服务及其他必要的 GIG 操作于安全。还包括 1996 年国家安全系统在 Clinger-Cohen 法案 5142 条款中的定义 (1996 年财政年度国防授权法案公法 104-106 条, 曾被称为信息技术管理改革法案,2 月 10 日)。根据这一定义, GIG 还包含了所有国防部和国家安全信息系统的各个层面, 从战术到战略, 以及

互连通信系统。

③ Department of Defense Chief Information Officer. 2007. Global Information Grid Architectural Vision: Vision for a Net-Centric, Service-Oriented DOD Enterprise, Version 1.0, Department of Defense, Washington, D.C., June, p. 24. Available at <http://www.defenselink.mil/cio-nii/docs/GIGArchVision.pdf>. Accessed November 17, 2008.

④ 本报告的前言为委员会的数据收集会议提供了说明。

⑤ GIG 信息安全投资计划的投资经理对委员会作了简要介绍, 并正在列出完整的清单 (Richard Scalco, GIG IA Portfolio Manager, "GIG IA Portfolio Management Office," presentation to the committee, July 16, 2008, National Security Agency, Fort Meade, Md.).

⑥ John Lussier, Department of the Navy Deputy Chief Information Officer, "Department of the Navy CIO Organization," presentation to the committee, March 6, 2008, Washington, D.C.

⑦ 海军网络防御司令部 (NCDOC) 近期将实施名为普罗米修斯的信息技术系统, 该系统将向 NCDOC 防御网络提供网络保护和网络态势感知。

⑧ John Lussier, Department of the Navy Deputy Chief Information Officer, "Department of the Navy CIO Organization," presentation to the committee, March 6, 2008, Washington, D.C.

⑨ 例如, 参见 Maj Donald W. Cloud, Jr., USAF, 2007, "Integrated Cyber Defenses: Towards Cyber Defense Doctrine," Master of Arts Thesis, Naval Postgraduate School, Monterey, Calif., December. Available at <https://www.hsdl.org/homesec/docs/theses/07Dec_Cloud.pdf&code= a469b8967301e4226f41c61fcc2706b3>. Accessed February 26, 2009.

⑩ 在美国海军, 该型指挥官是对舰队中某一特定类型的所有船只负责的海军将级军官。

⑪ Alan L Rickman, Naval Network Warfare Command, "Decision Superiority for the Warfighter," presentation to the committee, March 5, 2008, Washington, D.C.

⑫ 个人识别信息或 PII 是通过管理和预算办公室的备忘录进行详细说明 (2006 年 7 月 12 日, 电子政务和信息技术办公室管理员 Karen S. Evans, 总统的行政办公室, 首席信息官 OMB 备忘录, M-06-19, 华盛顿哥伦比亚特区)。如 "信息可用于区分或跟踪个人的身份, 例如他们的

姓名、社会安全号码、出生日期和地点、生物识别记录等, 可单独显示,
或是联合其他个人或识别信息时可被链接或链接到某一特定个人, 如
笔记本电脑、指状存储器和个人数字助理 (PDA)"。

⑬ ISSP 使海军企业从海军部长 5239.3A 指示的需求概述中明确责任,
海军部信息安全政策计划, 华盛顿哥伦比亚特区, 2004 年 12 月 20 日。

⑭ Department of the Navy. 2008. "Department of the Navy Exhibit
R-2 RDT&E Budget Item Justification," Washington, D.C., February, p. 2.

⑮ 这一研发项目的预算数字仅是美国海军加密现代化计划总预算
中极为有限的一部分。875 万美元仅仅显示的是它相对于 RDT&E 总数
3000 万美元的大小, 这一点在 ISSP 计划要素中早就指出过。

⑯ Terrelle C. Bradshaw, Naval Network Warfare Command, Global
Network Operations Center, "NMCI IA Overview," presentation to the com-
mittee, April 29, 2008, Norfolk, Va. NMCI 支持 1 亿封以上的电子邮件和
每天 1.24 亿浏览器的交易, 同时还能提供 11000 个无线通信设备的连
接。NMCI 日常业务运行与电子数据系统签订了 2000—2010 年为期 10
年的合同。

⑰ RADM(S) David G. Simpson, USN, Director, Navy Networks, Deputy
Chief of Naval Operations, Communication Networks (N6), "Next Genera-
tion Enterprise Network (NGEN) and Consoli-dated Afloat Networks and
Enterprise Services (CANES)," presentation to the committee, May 29, 2008,
Washington, D.C. NGEN 的计划基线是 340000 个工作站、大约 650000
个用户账户、支持移动设备、相关的网络作战指挥控制。在 NMCI 合同
结束前, NEGE 由计划阶段到运行阶段, 截止时间为 2010 年 10 月。

⑱ 目前, 主要有四种舰载基础设施网络: NIPRNET、SIPRNET、联
合全球情报通信系统、结合企业区域信息交换系统, 每种系统在运作时
都有不同的安全级别。

⑲ 针对信息安全问题存在很多解决方案 (且信息安全管理方面也
存在很多需求), 认为客户端和服务器都是位于同一个物理或逻辑网络。
客户端和服务器在很大程度上依赖于边界或边界保护 (如非军事区、防
火墙和入侵检测) 来预防安全威胁。然而, SOA 的互操作性和松耦合
性需求要求额外的安全功能以补充那些安全模块。例如, 参见 the
report on Net-Centric Enterprise Solutions for Interoperability, a collabora-
tive activity of the U.S. Navy Program Executive Office for Command, Con-
trol, Com munications, Computers and Intelligence and Space, the USAF

Electronic Systems Center, and the Defense Information Systems Agency, 2006, *Net-Centric Implementation Framework,* V1.3, June 16. Available at <http://nesipublic.spawar.navy.mil/docs/part2/NESI_Part_2_v1pt3pt0-16 Jun06.pdf>. Accessed November 19, 2008.

⑳ 例如, 参见 the report on Net-centric Enterprise Solutions for Interoperability, a collaborative activity of the U.S. Navy PEO C4I and Space, the USAF Electronic Systems Center, and the Defense Information Systems Agency, 2006, *Net-Centric Implementation Framework,* V1.3, June 16. Available at <http://nesipublic.spawar.navy.mil/docs/part2/NESI_Part_2_v1pt3pt0-16Jun06.pdf>. Accessed November 19, 2008.

㉑ 更多信息见 JTF-GNO 事实表, <http://www.stratcom.mil/factsheets/gno.html>. Accessed October 21, 2008.

㉒ Defense Information Systems Agency. 2007. *Surety, Reach, Speed,* Washington, D.C., March, pp. 26-27. Available at <www.disa.mil/strategy/strategy_book.pdf>. Accessed October 21, 2008.

第 3 章

信息安全中的威胁对策

以商业信息技术中所提供的解决方案为主要推动者,美国海军部正坚定地朝着实现网络中心战的梦想迈进。这一发展结合了人、武器、作战概念 (Concepts of Operations, CONOPS)、战略、战术和指令 (Tactics, Techniques, and Procedures, TTPs)、增强信息系统的能力以不断扩大凭借海军实力所能完成任务的覆盖面。利用综合 COTS IT 和为网络中心指挥与控制 (command-and-control, C²) 系统构建的互联网基础已帮助相关部门获得很多优势 (更明智的决策, 增强共享态势感知力, 提高信息共享度、行动速度、行动的效能和同步、精确度及成本效益)。未来计划将这种 COTS IT 产品的使用扩展到作战武器系统中以增强 C² 性能和作战武器系统之间的收敛性。[①] 预计以 COTS 为基础的功能将会继续存在于海军部作战和任务的核心功能中。

众所周知, 这些复合的以 COTS 为基础的功能有时很容易受到利用和攻击。[②] 像这份报告中其他地方描述的一样, 现在潜在敌人正积极努力地以多种方式利用这些漏洞, 包括通过全球电子设备和软件供应链创建漏洞 (例如, 外籍敌人在发货之前将恶意软件嵌入设备)。[③] 军事系统的网络漏洞是按照这些系统给对手提供的机会类型进行分类的:

- 知识产权的刺探和偷窃;
- 网络战 (攻击信息系统以降低作战能力, 以拒绝服务或操纵信息的形式进行攻击, 更有甚者操纵或拒绝武器系统进行攻击)。

3.1 解决 NIPRNET 和 SIPRNET 相关威胁

基于委员会的报告,当前美国国防部正在遭遇的企图网络入侵的活动多聚焦于间谍活动和知识产权盗窃。然而,人们普遍认识到敌人有能力利用军事系统进行信息盗窃,也能够应用这些能力进行网络战。④ 本章其余内容从任务安全的角度介绍了网络战的操作响应。

海军装备了多种通信和信息功能,这些对其作战能力来说是至关重要的 (当前对这种系统及其计算机网络的纵深防御结构设计的总体布局如图 3.1 所示)。

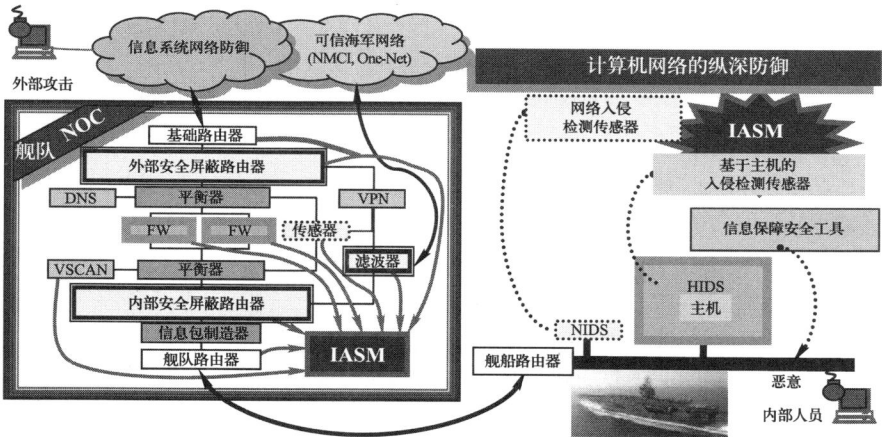

图 3.1   海军计算机网络纵深防御的海陆基础设施

通信网络中可用于海军的部分是非保密因特网协议路由器网络 (Non-Classified Internet Protocol Router Network, NIPRnet),这是一个非保密网络,并且它还为客户提供了访问互联网的功能。人们普遍认识到因特网/NIPRnet 连接为敌人进行网络攻击提供了一个途径,包括拒绝服务攻击。⑤

据报道,2006 年网络渗透使海军战争学院的信息网络停止使用,而这不过是其中一个例子。⑥ 今天,舰载和岸基 NIPRnet 正在丢失或退化,通过拒绝服务攻击会使其作战能力下降。NIPRnet 的丢失会使战区的后勤和管理功能受到影响。⑦ 然而,关闭射频话音和数据通信网络的支持,来自 NIPRnet 和不一定会被 NIPRnet 丢失所直接影响的空军联队 (航空) 和远征作战的能力将会被物理隔离。海军舰艇人员以及海军陆战队表示他们可以绕过 NIPRnet 进行工作, 即将一些 NIPRnet 的用户和功能转移到其他可用的舰载信息网络上, 例如保密因特网协议路由器网络 (Secret Internet Protocol Router Network, SIPRnet), 联合全球情报通信系统 (Joint Worldwide Intelligence Communications System, JWICS), 战术数据链, 安全的单通道无线电通信和安全的话音系统。然而, 这样的转变需要时间和前期的协调, 使用的通道容量可以被其他用途所指定, 可以有效地限制时间周期。如果这些替代品被使用, 标准化 CONOPS 和程序一定会在全海军得到推广发展, 支持组织也会认可并实施通信周边工作且有规则地利用组织传感器进行自动操作。除了允许这些替代品参与 "像战争一样的实践" 外, 这些程序也会为被拒绝服务攻击真正影响到的作战部队提供更好更全面的消息, 通过实践, 可能会产生更好的替代程序。[⑧]

成功攻击 SIPRnet/JWICS 比 NIPRnet 丢失更能削弱作战能力。今天的网络力量依赖于 SIPRnet 和 JWICS 实现主机的主要战争功能, 包括: 安全指挥与控制、共享态势感知、同步行动、访问图像和其他情报、任务规划与执行、精确定位、射击和战斗损伤评估。

举一个例子, 美国的忧虑日渐加深, 这是因为委员会简报和公开报告中提到的由海军应用的美国国防部 NIPRnet 已被渗透。最近一份提交给国会的报告指出: "其他国家能够访问 NIPRnet 是美国的致命弱点, 也是显示其不对称能力的一个重要指标。" 这也显示了机密网络 (如 SIPRnet) 同样面对许多与 NIPRnet 所面临的风险。

以收到的报告为基础, 委员会支持当前讨论的贯穿于海军部多数防区的信息安全政策的核心问题是在不涉及信息实际应用的情况下如何管理和保护网络信息这一观点, 即与 IA 支持的临界操作相关的 IA 保护政策是不充足的。委员会认为理解存在于 NIPRnet 的关键任务功能目录是至关重要的, SIPRnet、JWICS 网络和因特网还要评估并理解降低作战能力导致网络和系统退化的后果。这就突出了显而易见的问题, 如: 拒绝访问 NIPRnet 和因特网是影响后勤和其他作战能力的主要事件吗? 例如, 根据当前操作程序, 支持承包商、供应商和后勤信息直接访问因特网来完成他们的工作。此外, 还要考虑操作的重要意义, 例如: 通过恶意篡改基本网络信息将后勤支持转移到一个想不到的位置。

除了因特网协议 (Internet Protocol, IP) 网络攻击的风险, 今天的 TDL(如链接 16) 和安全单通道无线通信链, 包括安全的卫星通信, 这些都有潜在的风险。然而, 这些网络被认为是更为安全的, 因为其结构的

封闭性 —— 除了在潜在动态攻击的情况下 —— 可能会不依靠于与 IP 网络有关的网络事件继续操作 (如 NIPRnet)。对未来十年应保持特别关注的是保证满足卫星的通信能力在没有地面连接的情况下 (如漂浮船只) 可用性更广且保护更严密的需要。⑨

举一个重要的例子,依赖广泛使用的安全通信是海军陆战队执行指挥官意图和任务型命令的重点内容。信息的丢失会对作战能力和陆战队的效能方面产生负面影响,特别是在其执行接洽和联合部队任务的时候。委员会认为,由于任务弹性,海军陆战队需考虑建立多个不同的收发设备,作战部队可访问重点保护数据的 "被保护" 领域,如对任务至关重要的情报和后勤信息。海军陆战队也需要进行一个从其信息来源到确定这些来源的漏洞去进行拒绝服务或错误信息插入的从头到尾的审查。另外一个例子,委员会与太平洋舰队代表讨论指出二者最为相近的看法,强烈关注任务弹性这一主题和连续不断的 "最后一英里" 连接的安全性。太平洋舰队的行动对海军部来说是一个很好的范例。⑩

如第 2 章中所述,威胁数据加上信息对于网络中心站的重要性,已导致美国国防部和海军部开始考虑新的 IA 管理的安排和启动与 IA 相关的新行动。所有针对美国国防部网络的威胁和入侵都在迅速地增长,在数量和复杂程度上均已超过往年。⑪ 然而,有一种看法,IT 网络被认为是对海军部队战斗任务的成败来说是起到决定性作用的,但委员会发现实现解决方案的速度跟不上日益发展的威胁。

大量混淆海军系统评估攻击漏洞和结果能力的软硬件配置已投入使用,特别是在保留系统的情况下可能没有最新的安全更新或可能缺乏合适的 C² 安全结构。海军的网络资源缩减与安全 (Cyber Asset Reduction and Security, CARS) 行动⑫ 会促使这一矛盾状态得到改善,减少海军保留网络的数量,提供系统使用明细,通过减少外部威胁的潜在进入点提高整个系统的安全性。此外,从物质发展的角度看,贯穿海军部新系统的发展关键依赖于软件的运行。即使这些系统并未打算影响 GIG,但可能已有许多系统为获得功能上的支持 (后勤、维修或培训) 与 GIG 相连,这将成为 IA 漏洞一个潜在的重要来源。

由于威胁对在 NIPRnet 和保留网络上共享的关键信息影响的直接性,委员会建议应立即展开以下应对措施。

主要发现: 海军作战高度依赖于来自网络的信息,包括 NIPRnet 和保留网络。委员会有证据表明,NIPRnet 和保留网络是非常脆弱的,然而在这些共享网络上关键任务功能 (如后勤管理) 仍在使用中。

主要建议: 为帮助解决和减少当前与 NIPRnet 和保留网络相关的感知网络的风险,海军部应贯彻完成以下内容:

● 承担系统风险分析,了解信息安全对任务的影响。这些分析应该基于理解 —— 源自存在于网络且能促使任务成功的信息和应用程序中相关的原则、操作、程序及技术分析。

● 实现对 NIPRnet 上为满足信息共享所发布的信息中操作安全风险率平衡控制的评估。

● 为更好地分配关键任务指挥与控制系统、后勤、供应、福利及大众系统的功能,以某一功能区域内存在 IA 和解则不能再将 IA 和解建立在其他区域内的方式进行设计、搭建、实现海军部的网络和系统。

● 开发 IA 的运作原则包括能够用缩减的信息功能进行关键任务的操作,减少恢复时间 (在功能和数据中重建置信度),为战斗中遭遇信息攻击进行训练演习,包含保证 "最后一英里" 连通性的备用计划。

3.2 制定长期作战方法

3.2.1 操作响应

人们普遍认为发展信息安全能力的目标是消除造成服务中断和损害的所有风险,但这是不切实际且不可实现的。因此,需要一个基于风险的方法[⑬] 为海军部发展一个集网络攻击、开发、防御策略及针对潜在敌人执行错误指令活动于一体的系统提供基础。然而, 除了采用一个基于风险的程序来解决详细的 IA 问题外,为处理不断出现的网络中心战问题提供一个明确的策略也是很有必要的。考虑已知及预测的威胁趋势, 在以下方面需保持对与 IA 相关问题的关注以确保海军网络中心的成功:

● 战争中的网络防御概念。海军为战斗中能克服网络攻击问题,其战术、技术和程序 (Tactics, Techniques and Procedures, TTP) 均需更新。这种以 TTP 为基础的训练与演习可降低此类事件发生的可能性。

● 基于威胁的情报分析。这需要分析具有一定的针对性,全源情报分析针对的是更好地了解对美敌人和威胁,其中包括敌人的意图、开发利用的能力和大规模复杂网络攻击的能力。必须开发一套定向采集需求以解决关于潜在敌人意图的重要未知问题并开发相应的网络战计划。分析结果必须与海军任务风险相关联,用以设计改进任务的战略战术,达到降低 IA 风险和在 IA 风险下战斗能力最大化的目的。这些结果不仅仅用于刺激操作响应，也促进研究实现需求采集的方法。

• 任务规划和分析。这需要模仿由海军独自指挥和作为联合特遣部队或联军的一部分进行指挥的各种海军任务的信息依赖，模型支持作战能力退化的评估，这种退化是由当前和预计的或未来可能出现的敌人的网络攻击为载体造成的。[14] 任务规划和分析包括：① 发展集成网络攻击方案；② 模仿开发和防御响应，并为修复战略战术提供服务；[15] ③ 模仿针对欺骗的网络安全策略的相关使用；[16] ④ 使用嵌入多样性和恢复战略战术时允许出现衰弱的网络和物理活性的操作。基于这些分析，受海军完成任务失败风险的影响，应优先考虑任务规划和系统信息安全的需求。

• 最基本的备份系统。在什么地方是十分必要的 —— 当定义潜在任务风险时 —— 海军需要准备恢复最基本能力，如尽量在一定程度上不受信息否认、利用或操作的影响 (类似于用于核部队的指挥与控制的最基本的应急通信网络)。[17] 这种最基本的功能像安全话音通信线和命令线一样简单，独立于标准的互联网协议网络，用一个简单的态势显示功能进行扩展。新备份系统是否应该发展，这与海军标准的选择不同 (如不同的操作系统、不同的数据库系统等)，应该考虑为产品的发展提供多样性，以减少其遭到常见攻击的可能性。

• 弹性系统。在面对已知的及预计的 IA 威胁时需要设计更有弹性和效果的海军武器和信息系统、任务战略战术。为解决这一需求，太平洋舰队开始进行讨论，为通信系统奠定了初步的基础。这种通信系统需将其扩展，使之包括构建网络系统的弹性，此外，还需将该系统扩展到太平洋舰队以外。

• 训练和演习。这需要增加培训材料和发展有针对性的演习，通过演习可提高海军部面对当前和未来预计的 IA 威胁时利用可用资源实现任务所要达到目的的熟练程度。这些培训材料和演习专注于攻击识别和恢复，根据已提供的命令、控制、情报和后勤管理的可选方法规定面对成功攻击时的弹性需求。他们还应该包括分为红蓝两队定期进行基于敌人基本理论和作战概念的情报估计的实践演习。

• 综合军事演习。多年来，在模拟未来情景和威胁的军事演习中海军及海军陆战队已成为领导者。这些军事演习用来教育和告知当前和未来的领导者关于威胁的发展，验证海军的基本理论和概念，引入新的尚有争议的想法，帮助制定预算决议。委员会认为应将这些演习类型的范围扩展到含有着重于网络战的类型和任务保障类型，使用范围广泛

的网络专家制定的演习可以给海军和陆战队的指挥员提供更好的战略
位置, 使之在未来可以制作更好的作战计划和 IA 投资决策。

●增加网络使用安全性。尽可能的严格管理关键功能和敏感信息是
十分必要的, 这可以更好地保护通信渠道, 如 SIPRnet。关键信息因
素 (关于对冲恶意数据处理) 的多个独立来源需要在实践中得到采
用。SIPRnet 中大量信息的运转也需要管理这些信息的软件系统随之运
转。一般的 IA 实践仅仅检查安装在 SIPRnet 上的软件包的原始情况和
在 SIPRnet 上被视为已感染病毒系统的当前操作。

●增加海军信息系统结构的多样性。随着时间的推移, 曾经完全分
离的网络节点和设备已经逐渐被整合 (如卫星终端和技术控制设备等),
以实现更有效更经济的操作模式。这一整合通常是以牺牲操作的多样
性为代价完成的。因此, 一直以来网络范围的单一失败模式的意外创建
对操作产生了主要且直接的影响。委员会认为当前端到端的审查和已
计划的网络结构 (包括与 IA 相关的武器平台和集中信息节点) 是恰当
的。这一审查应包括 C⁴I (总指挥、控制、通信、计算机和情报) 基础结
构以支持有利的优先级给整个海军系统结构增加多样性。

●减少来自内部人员威胁的相关风险。来自于内部人员的网络安全
威胁甚至会危及到最安全网络系统的信息安全。除了那些内部人员在无
意识状态下进行的潜在有害行为之外, 曾经在海军系统内部出现过的
恶意行为给我们的教训对现在来说也是具有指导意义的。[18] 海军和陆
战队需要启动内部监察功能用以检测内部人员利用特权进行的恶意操
作 (或因缺乏训练而造成的操作失误), 或利用除了在他们正常职责之
外或是在他们已建立且被允许的行为模式之外的合法用户的权利对电
脑进行误操作。应尽可能地利用正在进行的反间谍和法律强制等活动
进一步发展有效的监察工具。对内部人员的监察也可以扩展到计算机
使用中与物理使用相关的问题上 (如在剩余时间访问计算飞地区域)。[19]

●改善归因能力。需要更好地确认攻击来源归因的能力, 从而可以
在适当的时候, 从政治和军事的角度发起强有力的反击。此外, 更好的
归因能力可以用来更好地维护法律追索权。

●更新网络战理论。海军及陆战队需反复检查他们的作战理论和概
念以确保行动的有效执行及对计算机网络攻击的反应, 包括在相应的
数据文件中适当地解决计算机网络防御和计算机网络开发的问题。在
这些领域中必须要明确政策及权利的分配。

3.2.2 改变组织文化

如果希望报告中提到的建议得到有效的解决则需要对信息安全重要性的认识有一个显著的变化。在系统创建和运作的过程中组织文化的改变是降低 IA 风险的关键。委员会认为，实现对 IA 所期望的改进需要大量的时间和努力，其中最重要的是尽快开始必要的组织调整。委员会认为需要努力解决以下几方面问题。

- 提高网络教育、培训的意识，敏化整个领导层和广大员工，让高层领导重视海军的信息安全。
- 任命高级军官负责保护有价值的信息资源以支持海军独立作战；责任范围应与之相对应的权利范围相一致 (见第 6 章关于 IA 组织权利与建议的讨论)。
- 定期审查和修改信息政策，以确保其清晰度，且符合当前的威胁水平、国家技术和当前信息资源的重要程度。
- 为制定正确的风险管理决策提供教育课程、工具和高级军官所需的技能，风险管理决策的内容是关于如何权衡 IA 与时机以提高网络基础设施的效率。潜在的风险分析方法必须被设计成标准的跨平台假设，以便判断是否符合海军部标准。
- 扩展视野，当受到攻击时进行 IA 和网络防御能够利用的工具还可包括设障、欺骗、恢复和连续危险操作。[20]
- 在系统整个生命周期中及其供应链上均要提升进入权限以防备敌人引入漏洞的企图。随着对与国外商用信息技术合作和对外包的依赖性逐渐加强，这种威胁存在的可能性也在逐渐增强 (见第 4 章标题为 "信息安全的研发" 的内容以找出提高进入权限的技术策略)。
- 开发布设障碍和欺骗技术以增加系统开发难度。

发现: 指出当前信息系统的漏洞有逐渐增加的趋势，海军正面临着无法执行指定任务的巨大风险，且该风险正在不断上涨。

建议: 海军部应对在通信、网络和信息处理系统中所产生的威胁进行一系列的了解、评估并加强其针对这些威胁所需的任务执行力。要重视这项工作，它包括增加在退化的信息环境中进行作战训练和演习以提高工作的熟练程度；使用先进的红方代表敌军作战；加强教育、培训，并让指挥员负责超出其责任范围外的信息和网络防护工作。

3.3 增加集成及供应链的风险等级

海军部正在进行的活动是利用战争武器系统将信息网络集成 (如 NIPRnet 和 SIPRnet), 这增加了由网络攻击引起武器系统中断的风险, 同时系统指挥与控制的功能也将丧失。此外, 海军采用开放式的构建方法, 采用常用的商业产品作为武器程序的计算基础, 如 Aegis, 这给第 1 章中所描述的供应链攻击类型提供了更多的漏洞。[21]

商用电子设备硬件和软件的供应链正逐渐出现敌人原始设备开发、生产、装运的生命周期中和备件获取的过程中故意将漏洞插入硬件或软件的可能性。由于当今信息技术硬件和软件的发展、生产和应用的来源全球化, 这一风险在急速加剧。[22] 目前, 几乎所有用于商业的信息技术产品的关键部件都是在国外开发。

认识到供应链风险, 海军部需要恢复某些关键任务程序以确保供应链的安全, 但这将会导致对成本和可用性造成影响。解决这个问题的方案应聚焦于海军关于调整成本和其他对减小任务风险存在不利影响的政策进行分析。除了对供应链采用风险管理外, 以下建议是一些减小供应链风险的缓解技术的具体操作。

- 了解供应商来源;
- 保护采购信息;
- 隐藏买家身份;
- 拥有一组不同的供应商;
- 委托买家保护产品设计和制作的透明度;
- 限制外部维修和服务人员的访问使修改路径更困难;
- 决定从一个特定供货商处购买一个项目到交付项目需要一定时间, 将这段时间最小化以减少被敌人破坏的可能性;
- 执行可信的分布程序;
- 升级组件使之被秘密修改后被发现的几率增加并对升级后组件进行测试。

信息技术软件和硬件的供应链问题是整个国防部范围内的问题, 海军部应该意识到这一利害关系, 关注上面列出的缓解操作, 并以此为依据发展和实现新的关键任务系统。一份最近的国防科学委员会报告讨论了许多这样的供应链问题并概述了美国国防部企业级组织可能出现的行动路线。[23]

发现: 根据当前已有的及正在进化的 IA 威胁,增加功能集成和信任商业现货信息技术的趋势表示执行任务的风险显著增加。

建议: 开展 IA 风险的管理需要海军部投入更多的精力。例如, 委员会认为, 保持指挥控制信息网络 (如 NIPRnet 和 SIPRnet) 与作战武器系统 (如 Aegis、F/A-18、F/A-35 等) 之间的物理分离是十分重要的。这样会降低武器系统被互联网协议网络攻击产生不良影响的风险。委员会建议在网络威胁不断发展的情况下应审查与当前趋向于高度融合网络基础设施相关的风险,包括衍生网络和供应链的风险,并发展减灾技术来解决这些风险。

委员会认为在选定的情况下直接连接 (例如使用 Link-16 连接从 SIPRnet 发往打击平台的目标信息, 如 "战斧" 式导弹或战术战斗机) 会更便于提供适当的网络风险分析和建立适当的接口。

3.4 人为因素

在战争与商业流程中海军部都变得越来越以网络为中心, 这就需要相关人员增加网络和 IA 技术及其应用领域方面的专业知识。网络基础设施已成为部门内部运转的主要支持元素, 是选择战斗还是忍耐的关键。根据威胁的形成与发展, 海军部需要提供同等水平的领导、管理和资源以解决网络的相关问题, 然后再将结果提供给其他由作战技术支持的关键领域。[24] 因此, 委员会认为对军官、入伍士兵、文职人员进行与网络和信息安全相关的教育和培训是当前需要解决的一项重大挑战, 这将对海军所期待的信息安全的程度产生重大的影响。由于这些教育和培训必须在负担超过 350000 人的总的海军教育和培训计划内完成, 所以这一挑战的难度将被增加。[25]

3.4.1 教育和培训

根据这份报告可以看出, 委员会使用 "教育" 一词来表示正式的大学和研究生教育主要是针对军官这一群体; "培训" 一词主要是用来表示具体工作流程的学习, 但这并不是应征入伍的士兵获得工作技能的唯一途径。委员会认为为确保信息安全, 海军部当前乃至将来均应加强思想认识、教育和培训。为满足这些认识、教育和培训的需要, 应对不同阶层的各类人员采取不同的方式。

● 增强认识,为由高级军官和文职人员构成的领导阶层和作战团队提供广泛接触 IA 问题的机会;

● 教育使军官能更深入地了解 IA 问题,可选择士兵和文职人员接受教育使之服务于信息作战团体,并对其进行研究、发展和承接;

● 培训军官、士兵和文职人员,为其提供面向流程的教育使之可服务于计算机网络的防御和系统的管理,并满足国防部 8570 号指示的需求,该指令需要对整个国防部进行特定的信息安全水平培训。[26]

3.4.2 识别和支持网络工作人员

目前,海军部的网络工作人员 (当前的海军术语称之为 "信息战职业部队") 是一批具有综合素质的专业人员。由军官、应招入伍的士兵和文职专家三部分组成,他们都有与之相应的技能优势为信息战提供不同的功能。

例如,海军中军官代号包括以下几种: 1610 (信息战特殊责任军官); 6440 (信息战有限责任军官); 7440 (一级准尉,信息战专业技师); 1600 (信息专业特殊责任军官)。这些军官把整个职业生涯都献给了海上及陆地的信息战事业。此外,1320 (非限制指挥军官) 在分配任务时需要进行技术培训使之能够承担一定区域的电子战 (Electronic Warfare, EW) 任务。海军军官总编制数为 1460 人,目前服役人数为 1196 人。[27]

刚入伍的新兵可担任海军信息战职业部队的密码技术员 (Cryptologic Technicians, CTs) 和信息系统技术员 (Information Systems Technicians, ITs)。CT 进一步分类,其中主要部分是由信息战区域中的网络密码技术的操作员组成,这类操作员在信息战中发挥了主要的作用。ITs 主要作用在于信息战区域的计算机网络防御,在这一过程中,一名技术员便可作为系统的管理员承担一项关键任务。当前海军已有 7805 名 CTs 和 787 名 ITs,以及少量选自其他部门的人员执行计算机网络防御任务。

上文中提到,军官和入伍士兵是海军信息战职业部队的主要组成部分。其他人员可能拥有显著的、特殊的信息战专业技术,但是他们专有的信息战能力不会被当作他们主要的专业领域。在这些分组中的工作人员会分配到与信息战相关的任务,如独立工作或是与其他作战区域的专业技能人员协同工作。

在发展和支持拥有 1196 名军官和约 8600 名士兵的海军信息战职业部队的过程中应该考虑到多种不同因素:

• 当前国防部在工作中并不区分计算机网络防御和信息安全。然而，海军需要对计算机网络和信息的专业人员进行区分 (分别为 CTs 和 ITs)，并且目前正准备建议国防部在这一方面做出改变，对二者进行区分。㉘

• 海军和陆战队内部因特网 (The Navy/Marine Corps Intranet, NMCI) 依赖于世界最大的外包网络的劳务用工，拥有大约 650000 个用户；然而，海军似乎并没有针对 NMCI 去很好地了解劳务用工内部的人员专业。应更新人力资源战略以实现 NMIC 替代系统的期望，下一代企业网络 (Next Generation Enterprise Network, NGEN) 将成为发展的必然，尤其关系到 NGEN 中目前用于海军内部的关键部分 —— 文职人员和应征入伍的信息技术人员的管理计划是否能够成功实现。

• 海军陆战队已经开发了一个基础培训流程和教育计划，为他们的指挥、控制、通信和计算机 (C^4) 招募人员和军官，当然这还是不够的，还要进一步发展以满足当前不断发展的防御威胁的需求。部队要征召专业的网络、通信的技术人员和信息安全人员进入部队的专业领域。包括给选择参加信息安全的招募人员授予硕士学位。之所以必须采取这些措施，是因为力量的分散和分布式操作要求力量结构的网络外界支持需求处于低水平的状态，在某些情况下甚至更低。增加作战重点和任务的关键因素被放在网络力量上，由于开发时间长，在快速变化的技术领域，需要训练有素和受过教育的员工。这使该委员会认为，海军陆战队增加招募人员，文职人员和办公室人员在信息安全领域的相关培训和教育是必要的。

• 除了为数不多的几个军官参加研究生项目，如海军研究生院，对于大多数海军陆战队军官，正规的信息技术教育停在连级水平。尽管许多官员主动进行额外的训练，比如通过脱产的教育，但这是临时的、基础的教育，没有正式系统的教育。委员会认为需要使更多的人员参加 C^4 系统的研究生教育，通过给所有 C^4 系统的官员提供一个正式的、长期的、有技术含量的教育，让所有人员的水平都大大提高，这样才能满足信息安全所需的技术支持。

• 似乎许多高级海军和海军陆战队人员在理解网络威胁上都有巨大的鸿沟。为解决这个问题，委员会建议充分利用海军有关部门为高级人员建立的信息技术项目，如海军旗和高管信息技术服务项目，这些项目还能解决网络防御和信息安全的其他主题。㉙ 这将帮助高级官员更好地理解信息技术能为他们做什么，有什么相应的信息安全风险，同时也为开发更好的政策和操作系统提供了一个基于信息技术的基础结构。

上述建议是在委员会的推荐之外提及的,海军和海军陆战队正在积极地招募来发展一批有正式计算机科学及相关信息技术学位的未来海军领导人。

3.5 职业道路

海军和海军陆战队的招募部门为专业的从事信息作战军官制定了很好的职业生涯。海军战略研究集团 (XXVII) 建议为指挥官成立一个无限制网络的专用社区。研究集团希望成立一个网络战争社区,其地位与航空、表面和地下高权限指挥官的社区地位平等。

委员会认为,网络系统是未来的作战的一个关键组成部分,重要性堪比动力系统、武器系统和物流系统。因此,指挥官必须从维护和操作的角度,彻底地训练和测试所有方面的信息系统,包括他们的船只、潜艇、飞机、单位作战中心和运营商。网络战的指挥官必须能够将战术作战行动和计划 (防御和进攻) 与作战战略集成。对委员会来说,这意味着,在不久的将来,信息安全应该在军官的培训、锻炼以及旋转作业过程中都被考虑进去。此外,精通网络战的才能应该作为职业发展的先决条件。

沿着这个思路,委员会简要地了解了正在进行的工作 (佛罗里达州彭萨科拉),该工作旨在采取更具战略性和积极性的态度来促进网络防御的发展。[30] 这个工程提供网络战士职业生涯的整个通路,包括培训、教育课程和职业发展路线图,从学徒到大师。工程还制定了战略目标,培训人员数量从今天的约 400 名到未来 5 年达到两倍。[31]科里站 (Corry Station) 工程是一个联合服务站,不仅包括海军、海军陆战队,还有陆军、空军、海岸警卫队的密码和网络防御队。海军负责领导大家共同努力,同时认识到这一领域的前景,委员会认为,科里站工程是未来网络业务所需的人力资源发展的典型战略规划。[32]

委员会建议科里站项目应该得到大力的支持和资助。委员会认为,项目利用外部顾问对项目课程进行定期审查,这会使项目得到进一步加强。这样的外部审查非常重要,帮助科里站项目跟上快速发展变化的网络技术世界。

主要发现: 美国海军的工作人员,包括官员、军人、战士,都没有被要求提前拥有一个统一的知识储备及相关经验。如今的信息安全威胁趋势表明,海军和海军陆战队需要解决教育、培训和职业生涯规划,来应对越来越多的风险,跟上海军网络行动日益增长的重要性。海军的科里站网络操作培训计划提供了一个强大、积极的开始,带领大家朝着这一需要发展。

主要建议: 海军作战部长办公室 (CNO) 和海军陆战队司令办公室 (CMC) 应当提出一个专门的网络人力资源战略,包括人事管理的所有元素 (加入、延长服役期限、保留和分配)。网络技术继续快速发展,海军跟网络工作者相关的计划还应该包括现代化的培训和教育课程,海军和海军陆战队应该正式地发展与大学的联系,包括外部顾问的指导和支持,以满足海军网络教育和培训的需要。[33]

3.6　整合网络作战

在国会宣言中,美国空军 Kevin P. Chilton 将军指出美国战略司令部 (The United States Strategic Com, USSTRATCOM) 通过联合特遣全球网络作战部队和网络战联合功能构成司令部指挥网络空间作战的国家军事战略的制定和执行。在这项任务中 USSTRATCOM 将协调和执行作战以保卫 GIG 并部署战力以维护国家利益。Chilton 将军还表示:"和我们开始定义网络空间中的作战、防御、开发和攻击等必要能力一样,我们也需要着重加强国防部的网络能力。"[34]

在这种背景下,作为整个网络空间作战策略的一部分,应依据国防部制定的政策和所需功能在网络空间中进行防御、开发和攻击,海军部必须继续进行自我完善,从这些功能中获取最有利的海军优势,使之有效地与联合功能相互支持。[35]尤其是新兴的网络犯罪、开发和防御之间的新型关系将被建立,这就需要整合的基本概念,用来支持分析。例如,整合包含网络攻击人员给网络防护人员传授一般的知识和理解,如提示需要注意存在特殊的系统漏洞。整合可能为网络攻击战士提供一个针对 IA 计划的特殊攻击目标,而网络防御防护提供了一个针对 IA 计划的文件夹。它也可以像功能一样被定义,网络开发人员能够支持情报收集和分析,这些情报包括敌人在未来可能使用的开发方式,网络防护人员支持基于海军任务风险分析的情报工作。网络开发和网络攻击人员也可以通知进行模拟敌人 CONOPS 和 TTPS 的演习。与定义功能一样,海军部需要进行如下评估:各级防御、开发和攻击进行作战整合的利与弊;结构和程序的有效性;这些活动之间适当的平衡投资。这些评

估应该用来指导如何支持更广泛的国防部活动。㊱

整合的另一个方面涉及依赖特定武器系统的多种传感器信息和通信网络。海军要求获得非海军信息的访问权并为其他服务提供类似信息。为满足这一需要，要求个人海军系统的配置包含其他服务的支持系统，能够准确知道用于海军及陆战队系统的传感器信息，以便技术和操作重组能够得到及时的处理。同样的，相应的海军信息应被用于支持联合指挥官和其他服务的系统需求。

委员会认为，海军部能够促使某些有价值的东西及能力更具有战略整合网络作战效能，使之同范围更广的国防部联合工作一样，大大增加其自身 IA 操作的重大价值。

随着新整合的网络相关作战功能需求的扩大，海军部开始创建和扩大海军网络战司令部，为进化成一个具有防御、攻击和情报功能的综合信息安全系统提供了坚实的基础。然而，委员会看到了一个重要的机会，在现有基础上发展新的概念和计划，通过高度的整合可获得更多的优势。

主要发现： 在海军内部，与 IA 相关的保护、开发、攻击和情报四个网络空间似乎没有被精密地整合。尤其是，海军部看起来似乎并没有积极地考虑和评估通过这种整合能够较之以往获得多大的 IA 优势。

主要建议： CNO 办公室和 CMC 办公室应考虑降低离散性，提高整合度，建立新型的与 IA 相关的进攻、防御和情报组织。

注释

① 例子包括使用常见计算机资源的宙斯盾巡洋舰的开放式架构，和单一的、商业上基于网络结构支持所有船只功能的 DDG-1000(海军计划的新型多任务船只)。

② 例如，参见 "The State of Offensive Affairs in the COTS World" at <http://www.fastcompany.com/magazine/127/nexttech-fear-of-a-black-hat.html>. Accessed February 26, 2009.

③ Defense Science Board. 2007. *Mission Impact of Foreign Influence on DOD Software,* Office of the Under Secretary of Defense for Acquisition, Technology, and Logistics, Washington, D.C., September.

④ 参见 Jason Sherman, 2008, "DOD Draws Lessons from Cyber Attacks Against Georgia," *Inside Defense,* Washington Defense Publishers, November 10; and John Markoff, 2008, "Before the Gunfire, Cyberattacks," *New*

York Times, August 13. Also, Office of the Secretary of Defense, 2008, *Annual Report to Congress: Military Power of the People's Republic of China,* Washington, D.C., pp. 3, 4, and 21. 参见 <http://www.defenselink.mil/pubs/pdfs/China_Military_Report_08.pdf>. Accessed February 26, 2009.

⑤ 例如 Erica Naone, 2008, "The Flaw at the Heart of the Internet," *MIT Technology Review,* Vol. 111, No. 6, November/December, pp. 63-67.

⑥ "Computer Attack Shuts Down Naval War College Networks," 2006, *Inside Defense,* Washington Defense Publishers, Washington, D.C., November.

⑦ 随着时间的推移,NIPRnet 损失的影响不会变小, 最直接的实时作战能力驻留在保密因特网协议路由器网络 (SIPRnet) 和联合全球情报通信系统 (JWICS) 中. NIPRnet 的拒绝服务攻击带来的潜在后果之一是大部分通过这些网络下载的信息可能会由于用户访问这些网络而返回到 SIPRnet 或 JWIC。这可能导致这些网络的下载拥堵, 使他们操作能力相对较弱, 除非利用某种形式的网络下载控制。

⑧ 潜在的新备份程序也应该探索利用这些地区的海军力量结构来提供潜在的弹性和恢复优势的方法, 可利用潜艇部队及其隐蔽的能力去实现特殊的功能或实现核动力船舶长时间的自主运行。

⑨ 国防部在一个相关成果中提出过转型卫星通信系统 (TSAT); 如果能够按照当前的说明实现, 他将可为军事服务提供高速率的军事卫星通信和网络化的服务. Touted by the DOD as the spaceborne element of the Global Information Grid (GIG) 美国国防部侦查情报作为全球信息网格 (GIG) 的星载元素, TSAT 卫星系统旨在为用户扩展无陆地连接的 GIG, 比如海军海上力量和已经被国防部预计要为作战人员大大提高的卫星通信。然而, 国会一直未对 TSAT 计划给予充足的投资, 且日期也尚未确定。(Andy Pasztor, 2008, "Pentagon Delays Program to Build New Satellite System," *Wall Street Journal,* October 21, p. 7, 已报道 TSAT 被无限期推迟。) 与此同时, 海军购买大量来自商业卫星的带宽。

⑩ 委员会摘录了太平洋舰队的例子说明强健的网络能力包括分裂 IP 的应用。在这种方法中, 端到端、双向通信是通过使用窄带高度保护上行线路 (如军事战略和战术中继) 以及一个强健宽带的下行线路 (如进行完整 IP 交易的全球广播系统) 实现的。

⑪ 例如, 委员会摘录的数据显示 2007 年海军传感器网格已有成千上万的高层警报, 经后续分析, 生成大量值得报告的大小事件。大

约 10%已发现的可报告事件是由针对复杂的敌对活动的普遍行为引起的。(CAPT Roy Petty, USN, Commanding Officer, Navy Cyber Defense Operations Command, "Overview of Navy Cyber Defense Operations Command," presentation to the committee, April 28, 2008, Norfolk, Va.)。

⑫ 海军作战部长指出,CARS 是在海军网络作战司令部指导下的海军范围的任务,可减少海军岸上机密类 IT 资产的总数,或是实现到 2011 年 9 月 IT 资产总数总体降低到 51% 的较低水平,用以提高安全性、互操作性和投资回报。此外,到 2008 年 12 月, CARS 计划将提供完整的海军总 IT 资产清单和与交付、维护业务、作战 IT 系统、网络相关的成本说明。2008 年 4 月 28 日, 网络资产减少及安全解决与安全部门长官 Charles Kiriakou 向委员会递交 "除网络 IA/CND 外的网络资产减少和安全操作策略", NETWARCOM, 弗吉尼亚州诺福克。(CARS 报告于 2009 年 1 月更新, 当 CARS 启动时, 有 1200 个海军网络存在, 只有 350 个仍被终止。此外, CNO 将任务完成时间线从之前的 2011 年 9 月提前到 2010 年 9 月, 并且将网络节点减少量由之前的 51% 提高到 90%。来源: Naval Network Warfare Command. 2008/2009. *InfoDomain,* a publication of the Naval Network Warfare Command, Winter, p. 26.)。

⑬ 第 5 章中对这种方法进行了描述。

⑭ 2007 年 4 月 23 日, 在 Shirley Kan 对干扰卫星通信的潜在动力的讨论, *China's Anti-Satellite Weapon Test,* Congressional Research Service, Washington, D.C., April 23.

⑮ 附加讨论在本章最后一节攻击与防御网络作战的优点整合。

⑯ 2006 年 7 月, 国防部联合出版物 3-13.4 上提出关于军事欺骗是信息战核心功能的讨论, *Military Deception,* July 2006. 可查询 <http://www.dtic.mil/doctrine/jel/new_pubs/jp3_13_4.pdf>. Accessed February 23, 2009.

⑰ 最基本应急通信网络旨在战略冲突的全阶段为国家指挥当局和战略核力量之间提供安全、高保真、抗阻塞、可生存的通信链接, 以确保总统、国防部长、指挥官之间的命令的统一结合, 并下达明智的决策。(参见 Defense-Wide/07 Appropriation/Budget Activity, 2005, Exhibit R-2, RDT&E Budget Item Justification, R-1 Line Item No. 167, February, p. 1. Available at <http://www.dtic.mil/descriptivesum/y2006/DISA/0303131K.pdf>. Accessed February 20, 2009.)

⑱ 例如, 参见 Laura J. Heath (Georgia Institute of Technology), 2005,

"An Analysis of the Systematic Security Weakness of the U.S. Navy Fleet Broadcast System, 1967-1974, as Exploited by CWO John Walker," Master of Military Art and Science Thesis in Military History, Army Command and General Staff College, Fort Leavenworth, Kans., September 14. Available at <www.stormingmedia.us/03/0396/A039634.html>. Accessed February 24, 2009.

⑲ 描述包括内部威胁的内部风险缓解策略的最新报道: *Insider Threat Study: Illicit Cyber Activity in the Government Sector* (Eileen Kowalski, Tara Conway, Susan Keverline, and Megan Williams of the National Threat Assessment Center, U.S. Secret Service, Washington, D.C., and Dawn Cappelli, Bradford Wilkie, and Andrew Moore of the CERT® Program, Software Engineering Institute, Carnegie Mellon University, Pittsburgh, Pa., January 2008); and *Comparing Insider IT Sabotage and Espionage: A Model-Based Analysis* (Stephen R. Band, Dawn M. Cappelli, Lynn F. Fischer, Andrew P. Moore, Eric D. Shaw, and Randall F. Trzeciak, Technical Report CMU/SEI-2006-TR-026, ESC-TR-2006-091 CERT® Program, Software Engineering Institute, Carnegie Mellon University, Pittsburgh, Pa., December 2006). 这些研究, 以及额外的案例分析、统计, 和最佳实践减少了内部威胁, 可查询 <www.cert.org>. Accessed February 26, 2009.

⑳ Joint Staff (LTG Walter L. Sharp, USA, Director). 2006. Joint Publication 3-13, *Information Operations,* February 13, provides further guidance for military information operations planning and execution in support of joint operations. 可查询 <http://www.fas.org/irp/doddir/dod/jp3_13.pdf>. Accessed February 23, 2009. 委员会还认为第 6 章的组织变更会对海军的整合方法有所帮助 。

㉑ 常见的商业计算机和基础配置计划用于武器系统, 如 DDG-1000 和下一代包含恶意的功能的 Aegis, 增加了战斗中武器系统可能不会按预期执行的风险 。

㉒ 例如, 参见 Brian Grow, Chi-Chu Tschang, Cliff Edwards, and Brian Burnsed, 2008, "Dangerous Fakes," *Business Week,* October 2.

㉓ 参见 Defense Science Board, 2007, Mission Impact of Foreign Influence on DOD Software, Office of the Under Secretary of Defense for Acquisition, Technology, and Logistics, Washington, D.C., September, 更为详细地讨论了日益增长的离岸 COTS 产品的使用问题和国防部开始着手解

决相关的安全问题。

㉔ 例如, 海军在其海军核动力推进计划中提供专业的培训、管理和资源。

㉕ U.S. Government Accountability Office. 2006 *Information Technology: DOD Needs to Ensure That Navy Marine Corps Intranet Program Is Meeting Goals and Satisfying Customers,* GAO-07-51, Washington, D.C., December, p. 5.

㉖ 2005 年 12 月 9 日, 负责网络和信息集成的副国防部长/国防部首席信息官。Information Assurance Workforce Improvement Program, DOD Instruction 8570, Department of Defense, Washington, D.C., December 19 (updated 8570.01-M, May 15, 2008).

㉗ 2008 年 6 月 17 日, 负责人力、人员、培训和教育的海军作战副首席代表 Patrick McLaughlin 向委员会递交 "Overview of U.S. Navy Information Assurance Related Training and Education," presentation to the committee, June 17, 2008, Washington, D.C.

㉘ 2008 年 6 月 17 日, 负责人力、人员、培训和教育的海军作战副首席代表 Patrick McLaughlin 向委员会递交 "Overview of U.S. Navy Information Assurance Related Training and Education," presentation to the committee, June 17, 2008, Washington, D.C.

㉙ U.S. Department of Defense. 2006. *Strategic Plan for Joint Officer Management and Professional Military Education,* Washington, D.C., April 3.

㉚ 尽管委员会没有直接解决文职人员关于人力资源的需求或当前组成, 但一定会有一种可靠的海军网络人力资源战略能够解决海军人力资源部门的未来组成和能力要求。

㉛ 2008 年 7 月 16 日, 国家安全局国家信息保障研究实验室长官 Richard Matthews 向委员会提交 "CNO Workforce Development Projections," presentation to the committee, July 16, 2008, Washington, D.C.

㉜ 美国空军近期公布了其关于网络人力资源培训与教育的计划; 参见 Karen Petitt, 2008, "Cyberspace Career Fields and Training Path," U.S. Air Force Public Affairs Memorandum, Scott Air Force Base, Ill., July 2.

㉝ 在发展网络人力资源战略的过程中, 海军应像报告第 6 章所述的那样考虑海军核动力推进计划的人员实践。

㉞ 2008 年 2 月 27 日, 美国空军司令 Gen K.P. Chilton,USSTRATCOM, 众议院军事委员会战略部队小组委员会公开声明。

㉟ 委员会认为, 美国海军能够领导海军网络战司令部及其下级司令部、海军网络防御作战司令部和美国海军信息作战司令部实现综合网络作战。

㊱ 第 6 章针对海军网络关系和与国防部联合行动相互依赖的关系提出了更为详尽的讨论。

第4章

信息安全技术分析

本章阐述几个与信息安全相关的技术问题，再针对海军未来可能面临的网络威胁和网络结构体系的安全漏洞提出应对措施。海军委员会的观点是，海军有关部门需要大力加强当前网络的结构体系建设，提出卓有成效的信息安全原则，以长远地保护其关键部位的信息技术系统免受第 1 章中提到的威胁。海军在执行某些特定任务时，也是作为全球信息栅格的一部分，所以跟信息安全有关的隐蔽条件也是海军整体作战系统 (EA) 中很重要的一部分。据悉，目前 COTS 和通信服务能加大国防部的发展速度和经济效益，却并不能保证预期的重要军事应用。可喜的是，要达到中级阶段的全球信息栅格的信息安全目标所需花费的时间和成本是可以接受的，但仍需要大量的改进和补充目前的信息安全技术。鉴于我们期望的终级全球信息栅格的信息安全是一个长远的目标，且中间会发生预料不到的情况，海军委员会认为海军有关部门需要突出一些新兴科技的研制。

本章还建议加大对海军研究和开发的投资，加快对新技术的研发速度，早日具备应对威胁的能力，这对海军的信息安全是至关重要的。

4.1　体系结构

整个系统应用综合、严谨的方法来训练组织行为、信息系统、人为因素和组织单元，使它们达到整个组织的核心目标和战略需求。在应用信息技术的系统里，海军整体作战系统可以算是最高级别的体系，涉及任务优化体系结构、绩效管理和结构流程。该系统可以为海军和海军陆战队在各种复杂情况,尤其是在限制预算的情况下,提供最优化的组织管理的依据。若没有一个充分考虑各种情况,同时被广泛接受的系统,某一部分的应急行为会不经意的损害另一部分的利益。海军整体作战需要全面考虑,有些远远超出了传统界限的地方也很可能隐藏着信息技术的死角。从信息安全的角度看,信息安全保障是海军整体作战的关键性因素。综合所有领域的关键因素,信息安全保障必须包括以下几点:

- 如何才能具备实现信息安全攻击和反击的能力;
- 如何处理内部的信息安全隐患;
- 当沟通系统受干扰、数据链损失时,整个系统会受何影响,该如何响应;
- 物理防护和网络入侵传感器等防护措施该如何优化配置和使用;
- 如何做到最大限度的保护和减少数据被盗与干扰;
- 面对快速变化的环境,如何灵活、动态地设置信息系统的进入权限;
- 随着威胁的升级,如何监控信息安全保障的性能,使其成为一个连续的不断改进的系统。

目前,在没有充分考虑信息安全因素的情况下,系统被联系在一起,从而导致出现一些不曾预料到的漏洞[①] 和总系统弱点。为防止这种情况的发生,海军整体作战系统规定了一组原则,所有与海军整体作战系统联系的系统都必须具备要求的所有特性。整个架构的开发必须具备迭代性和自适应性,保证整个系统在面对新威胁和新技术的情况下依然保持健全。接下来我们将提出一系列准则,用他们来指导信息安全系统融入到已经成型的结构体系生态系统中,再提出一些可被海军接受采纳的技术方案,来加强他们的信息安全可靠性。

4.1.1 全球信息栅格体系架构

美国国防部的任务越来越复杂,需要从全球到处分布的信息源处获取信息。也因为这样,国防部开发了一个新版的全球的信息化网络架构。目前的计划是,建立一个能满足国防部覆盖率需求的网络服务结构,服务覆盖所有的终端,同时也能从合作伙伴处获取所需信息,来满足战争和商业的需求。这个架构有利于海军完成各种各样的作战,引起了委员会的注意。这个全球信息栅格架构体系将能在任何时间、任何地点,在整个体系结构中提供信息服务作为指导方针,并且该体系结构是可扩展的、经济的、可靠的、能为每个服务站提供全方位(联合)的服务。② 因此, 委员会关心的关键问题之一就是组成这个体系的每一个信息系统的忠诚性和可靠性。基于这一核心属性, 国防部和海军有关部门要求设定一套从全球信息栅格系统中提取的原则, 指导海军信息和计算系统设计和开发:

● 设计跨 (移动) 平台互操作。信息系统的基础构架应该具有互操作性, 同时将保证获取安全可靠的信息作为工作的重中之重。此外, 应用高安全的设备来进行网关服务和数据引导。

● 封装模块的可扩展性。为确保系统的正常运作, 对功能和服务模块应进行封装, 同时具备容易集成到各种架构和应用程序的属性。

● 应用程序和操作流程应该分开, 以确保将控制信息从应用程序中的其他内容中隔离出来。

这些原则是面向对象设计的核心, 还应该包括提供可扩展性、增量式开发, 通过重复利用公共服务和数据提高效率。考虑到全球信息栅格的防御需求, 尤其是保护关键服务和接口的需要, 信息可靠性架构的各个方面都必须以防止攻击和安全漏洞为基本原则, 同时应当主动发现安全破坏并做出反应。海军委员会给出了如下建议:

● 保证分段系统之间相互沟通的安全性。在任何情况下, 信息都应具备在不同系统层级对应的不同安全需要。分割成不同层时, 必须建立相应的控制手段 (技术上和程序上) 来区分高安全层和低安全层的不同访问权限。根据不同的安全级别需求和具体的系统问题, 可进行基于软件和基于硬件的技术控制。有不受欢迎的访问时, 应根据损失代价的不同 (成本可以用美元来衡量, 系统性能退化、系统瘫痪和其他等等) 实施更严格的控制。

● 在不同的接口实施加密通道和访问控制 (依据不同的管理策略)。为了保护核心网络和关键服务不受攻击, 在网络上的数据和控制信息应该加密, 同时对网络的界面进行严格的访问控制。③

● 进行安全审查并将封装的模块进行存档。信息服务的核心应该实施软件模块封装, 配置强有力的控制接口, 同时要求他们接受监控设施的监控, 严格封装模块的使用, 杜绝滥用, 以此来保护其安全。

● 先进的信息可靠性设计理念、工具和产品应广泛地部署在网络层和终端, 并不断进行更新。严格审查在全球信息栅格中的数据存储和移动, 比如那些为实施综合国家网络计划而被开发和部署的信息可靠性工具, 应该广泛地安装在全球信息栅格系统的边缘及关键的内部系统和服务器中, 为系统的多层防御和边界保护提供基础。主机和客户端机器若不安装使用信息可靠性工具, 全球信息栅格的安全也是不能保证的。④

4.1.2　全球信息栅格的发展

应用高于海军信息系统的信息安全原则是很重要的一点, 也是信息安全保障级别的需要。海军和海军陆战队将根据设定的风险水平, 要求海军有关部门在设计系统时, 考虑将信息可靠性外的系统功属性能进行比较, 确定优先级, 对没有需求的属性, 考虑到系统成本和系统效率, 不给予足够的重视。

4.2　全球信息栅格设计原则

4.2.1　面向服务的体系结构

传统的面向对象提出的可扩展性设计原则, 在面向服务的结构系统 (SOA) 的运用中得到了极致的体现。面向服务的结构系统具有开放性、灵活性和强自适应性, 从而更容易实现跨不同系统、不同网域的互操作。⑤⑥ 该结构系统还能适应海军有关部门和美国国防部的快速集成任务和庞大的作业流程。但是面向服务的结构系统也是把双刃剑, 在它灵活性地向各类用户提供发展能力的同时, 也向潜在的恶意代码提供了进入作战系统的路径。在整个国防部以及海军相关部门, 面向服务的结构系统在网络服务中被大量使用。海军面向服务的结构体系的讨论和相关的信息安全性设计见附录 E。

作为一种体系结构, 构建分布式系统的方法有其固有的脆弱性; 对国防部和海军有关部门来说, 应用于某些特定技术的面向服务的系统结构, 诸如 Web 服务, 需要特殊的安全保护来减轻各种各样的威胁。例如, 在一个面向对象的结构里, 分布式计算环境是由许多面向服务的系统结构支持的, 通信数据就包括方便用户与另外的服务器交互 (可以是多个) 的嵌入代码。结果是显而易见的: 一个面向对象的框架提供了一个代码注入平台, 这个平台不仅符合系统参与者预期要求, 而且可以让潜在的攻击者插入他们的系统开发代码。若没有新型的信息安全保障技术来减少攻击的风险, 信息安全保障会成为严重的负面因素。

上述功能在现代计算网络和商用信息安全系统的产品上进行了广泛应用。网页不是从服务器上被动获取的文档, 而是通过复杂的对象扩

展代码 (如 JavaScript), 通过本地客户端浏览器来呈现的文档内容, 内容可能包括一组丰富的嵌入式媒体。事实上, 现代的文档格式 (Word.doc 和 Adobe.pdf) 不是被动的文本文件, 而是嵌入代码的成熟对象, 通过代码来渲染和执行在客户端的文档。当代码进入到任何操作过程, 对信息安全保障的关键问题是: 代码是良性和友好的, 还是恶意和危险的? 不管活动数据以何种方式传输 (在传输过程中是否进行加密和保护), 数据注入过程都可能通过与接口的程序兼容, 来突破安全边界。[⑦] 因此, 面向对象的系统在某些服务广告中受到安全攻击, 他们在通过广告注入各种各样的恶意代码。面向服务的程序, 由于完全接受面向对象型的 Web 服务, 因此需要特别注意这个角度的信息安全问题。

由于传统基于主机的安全措施和技术在保护 Web 服务中能力有限, 使得基于 SOA 的网络环境具有很强的动态特性, 经常失去操作控制或超出单个域或网络的物理边界。再加上许多组织经常对 Web 服务泛滥视而不见, 没有限制, 不强制通过防火墙, 让它们和其他网络使用相同的端口和协议, 这也使得情况越来越严重。虽然引入了服务总线作为一定范围 Web 服务的容器, 但整个系统里缺乏有互操作性的政策和协议, 来安全地集成像海军有关部门这样庞大系统组织。基于全球信息栅格架构的设计考虑, 设想希望在 SOA 框架内嵌套 COTS 产品, 或者用云计算架构, 用于未来的海上平台和系统。委员会认为这是不可避免的趋势, 未来的海军系统将面临新的、更复杂的 IA 漏洞。这些漏洞既有因为使用各种 SOA 系统产生的, 也有 COTS 产品带来的。

主要发现: 作为实施网络中心战能力的重要部分, 美国海军正在积极使用综合的 COTS 技术, 如面向服务的体系结构, 主要是看中其潜在的优势, 尤其是更广泛的信息可用性。然而, 这些改变也有可能引入新的甚至更严重的系统 IA 风险。不幸的是, 现有的海军系统在最初设计系统的基本属性时, 并不包含抵御这些新的 IA 风险的属性。

主要建议: 为了具备相匹配的信息安全水平, ASN (RDA) 办公室应该考虑开发设定清晰明确的 IA 原则, 并纳入海军操作信息系统的架构中, 包括针对面向服务的体系架构的信息安全要求, 用来管理系统。此外, 这些原则需要贯穿在系统的整个生命周期, 并能与现有的海军系统及其升级后的系统兼容。

4.2.2 目前 COTS 技术的 IA 风险

今天的海军任务系统被设计和建造成信息系统、武器系统和传感器系统的耦合集成系统。相应地,为避免执行任务的性能退化,保证获取和使用这些信息技术就变得越来越重要。当前普遍使用 COTS 技术作为这些集成的基础,但是组成这个产品的信息安全系统的可靠性是值得怀疑的,也就是维护海军信息系统的安全性是更困难的。所有地方,我们都需要防护:发现敌人干扰和攻击的各种机会、网络操作、物理攻击、恶意代码注入和破坏网络。如第 1 章所述,COTS 软件和硬件产生的各种新漏洞,应经常向政府机构建立的监控网络活动机构报告。例如,每周以简报形式将新发现的突出软件和硬件漏洞罗列清单,提供给美国计算机紧急响应小组。[8] 此外,基于 COTS 的硬件和软件脆弱性的事件,也经常在公共媒体报道。[9]

与此同时,依据 GIG 的风险,提出了一个分阶段发展通信基础设施,提供多种安全级别和在逻辑上隔离不同级别 IA 漏洞 (图 4.1 中)[10] 的长期发展计划。在这个计划中,随着时间的推移,IA 技术会得到改进,这能为实现路径分离提供技术手段,用来安全地整合多个通信路径,这样才可能满足丰富多样的海军任务。然而,根据委员会的意见,只依赖今天或可预见未来的 COTS 技术,对某些关键的军事应用,还是不够的。如图 4.2 所示为当前和长远商业市场条件下的 IA 基础。委员会认为,由于系统极度敏感,即便基于逻辑软件的隔离能使系统效率更高,还是应该慎重地对当前海军通信系统设计的多个数据路径进行物理隔离。

这种情况产生了一组新的安全设计方向,以这些特定的美国海军设计为主要代表: DDG-1000、加固水上网络、企业服务 (CANES) 通信子系统。例如,委员会提出的车载通信系统的逻辑框图和船上 DDG-1000 的物理布局。[11] 设计表明,所有交换子系统的信息流都在同一物理布线上,包括控制舰船,他们的沟通渠道表明我们需要设置多个信任级别。上面还提到不安全的 COTS 网络产品作为核心设备用于这个设计的问题。委员会没有对它们进行认证和设计的授权,也没有进行 IA 分析的详细审查,这个现象很让人担忧。这个设计已经被认证和鉴定,但完全依赖逻辑 (软件) 隔离关键网络的方法却会引入一定程度的风险,而对具体的关键网络系统进行物理分离则可以避免这个风险。委员会认为,海军已决定可以接受自己各种各样的 IA 政策带来的风险后果,这在他们的承受范围之内。整个网络的风险水平是可以接受的;然而,委员会

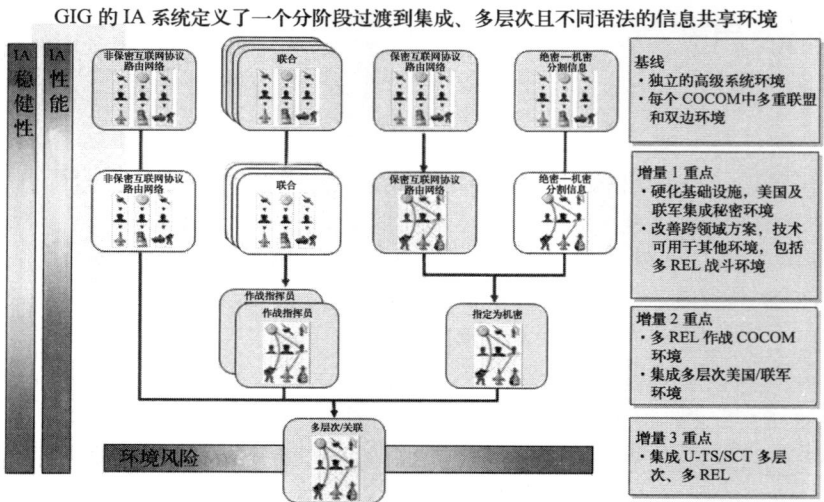

GIG 的 IA 系统定义了一个分阶段过渡到集成、多层次且不同语法的信息共享环境

图 4.1 既合理分级又充分整合的多层级且符合 GIG 长期发展愿景信息安全线路

(注: REL = 合理表达的语言, 用于保证各层级的正常运行和保护有价值的数据。其他的缩写在附录 A 中)

却认为, 这样级别的风险评估不应该让系统设计者来决定, 而应该上报更上级的海军领导。

通过几十年的进化发展, 海军部队已经建立了大量的信息化系统。总的来说, 这些系统满足了海军通信和网络、数据处理、指挥和控制的要求。让广大用户接受这个架构体系是目前 FORCEnet 的挑战之一, 将海军的各种平台合并到架构中, 确保海军信息系统具备以前讨论的 IA 原则。体系结构还应该结合考虑 GIG 更长远的升级变化, 这种变化很可能涉及许多的核心原则。

虽然海军给他们 "待完成" 的架构开了一个好头, 但是委员会的评估并不乐观, 委员会认为成功的实现却还是一个挑战。海军的整个架构组成和其他的商业或政府基础设施一样复杂和多样化。使情况更困难的是, 要完成海军挑战性作战任务, 必须要做到延伸到全球范围, 涉及庞大的用户群, 高度多样化的平台, 同时还需具备特定环境中的实时性, 信息攻击很容易削弱这些功能。

这个待完成架构的设计者遗憾地认识到, 需要分阶段发展完全启用的长期愿景, 随着时间推移, 全球范围内访问 SOA 将成为 IA 成熟的标志。从图 4.2 可以看出, 逐步过渡需要一个中间阶段, 这个阶段能在可接受的时间内实现。在中间阶段, IA 技术会有实质性的功能改进, 同时, 逐个对依赖 COTS 的模块进行复议。在没有实质性的 IA 新突破的情况下, GIG 距离最终的充分发展仍然遥不可及。

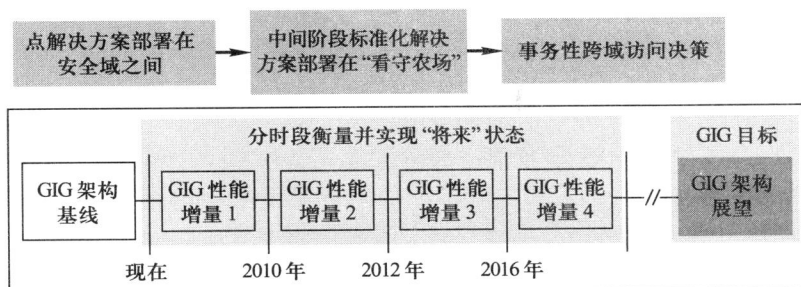

图 4.2　分阶段过渡的全球信息栅格 (GIG) 体系结构包括一个中间阶段, 可能在不久的时间内可以实现 (具体日期不定)

　　虽然海军可以通过直接互相连接服务器的方法实现安全保护, 但是更有效的保证基于网页服务的 SOA 的安全的方法应该是开发更多其他的安全保护功能, 如对共享服务基础设施加密、认证、审计、政策执行等, 由安全专家而非个人的开发团队对其进行持续管理、配置和协调。海军的中央服务器与网络中心企业服务整合, 就是一个共享安全服务基础设施的例子。NCES 是国防信息系统局 (DISA) 开发和部署的安全服务结构[12]。它说明信息安全的外化和集中对安全是有得有失的 (例如, 集中的风险或中央大部分的管理安全的组织能够充分解决一个复杂的分布式系统的安全性和操作需求)。然而, DoN 作为实现 SOA 的功能的一部分, 应该探索权衡各种方法来找到最可行的解决方案。海军和海军陆战队是基于 GIG 开发的, 在任何情况下, 他们的 SOA 都需要与国防部开发部门保持密切联系合作。

　　主要发现: GIG 架构承诺提供安全信息服务, 这样就可以直接通过电子技术集成到武器系统和其他任务控制系统的关键部分。这一设想高度依赖于可靠的 COTS 技术组件。美国海军设计的网络体系结构, 主要赖于软件逻辑信息而不是物理分离的隔离手段。系统主要由 COTS 组件高度集成, 鉴于 COTS 组件之前暴露的漏洞, 这个策略从 IA 的角度来看是危险的。

　　主要建议: 海军部长助理办公室的研究表明, 考虑到其他与海军和海军陆战队相关的元素, 开发和收购 (ASN(RDA)) 应重新审视其 IA 架构和设计的策略, 强调突出 IA 当前正在开发建立的系统价值。应特别注意 IA 的隔离对海军的综合水上网络、企业服务 (CANES) 计划、DDG-1000 机载通信子系统产生的影响。

4.3　信息安全的研发

4.3.1　海军信息安全状态

委员会认为信息安全应该在所有当前和未来的操作架构的设计中具有优先地位, 并保障当前 COTS 系统的信息安全系统处于准备就绪的状态。该委员会认为, 海军应该立即对信息安全研究和发展进行投资, 以保证目前的信息安全的相关部署能得到解决, 并能够满足海军的主要任务。

今天的海军信息安全网络在很大程度上是在实践盈利活动中实现的。委员会在对海军信息安全部署审查时发现许多优势:

● 海军在桌面和服务器上配置管理系统, 应用了当前的最佳措施, 以确保常见的系统部署、配置管理正常, 并定期修补。

● 海军同时部署桌面防病毒网关签名和签名检测攻击, 来防止海军网络受到攻击。

● 海军依靠减少海军网络资产和安全 (CARS) 计划, 来减少并最终消除目前不受管理的海军网络和系统。⑬

在委员会的眼里, 这些海军部队管理网络的优势, 在为海军提供信息安全网络方面, 都存有缺点:

● 威胁越来越不易检测。大量安装的电流传感器主要用来检查来自网络的信息, 却不能在海军网络中审查威胁。除了当前的出口, 同时需要检测当前和海军网络内部运行的威胁, 以及未来会突破边界的威胁。

● 海军网络系统探测威胁的主要方式是自上而下、集中的指挥的控制组织结构 (如: 联合任务带动全球网络 → 海军网络司令部网络 → 防御作战司令部 → 海军舰队和基地) 和网络拓扑结构 (如: 未分类的因特网协议路由器网络网关 (NIPRnet) → 网络运营中心 → 基地和舰队 → 被包围的目的地 → 局域网)。从特定任务中发现的威胁风险来看, 相关检测流程还应包括与综合监测信息系统所有相关的内容, 这样才能一起实现任务功能。目前, 自顶向下方向的威胁检测, 没有配置特殊任务的系统功能。为达到面向任务的威胁检测功能,目前的自顶向下的方法需要来源于服务监测活动数据的支持,这样才能从系统功能和使命的角度来检测输入。

● 目前安全检测受到噪声的干扰。安全检测可以通过对更有效的预防技术的投资来增强。改善预防措施可以大量地消除对杂波噪声检测传感器的常规攻击,使检测更加专注于更高级别和并不高级却意想不到的 "灯下黑" 的威胁 (如常规的僵尸驱动攻击[14]),来确保网络的安全。

● 当前,信息安全策略既不能解决现有的 COTS 安全产品处理不了的复杂攻击,也不能解决未来预期的网络威胁。海军网络面临的网络威胁具有目的性、规避性、难破解性和威力性,所以海军需要积极寻求技术性的解决方法来应对当前和未来的威胁,而不是完全依靠现成的最好的 COTS 工具。委员会的研究有重要证据显示,目前基于签名的传感器在应对当前和未来预期的威胁探测上有点过时。[15]普遍和单一的签名和修补方法使前海军系统和平台暴露在最新的威胁面前,使系统和平台经常对这些威胁视而不见。

● 在当前海军信息安全的策略中,对内部威胁是不够关注的。但是内部威胁可能远比远程攻击更复杂有效。缺乏内部威胁检测策略和工具使得海军离安全网络保护的主要功能还有一定差距。

为解决信息安全的这些短缺,需要 DoN 专门投资一个综合的、深入研究、快速部署的信息安全研究方法,可以应对在同一时间线上,多个敌人袭击海军系统的威胁。美国国防部的计划和综合国家网络安全计划 (CNCI)[16] 的积极性对海军部队的整体 IA 态势是有利的,但是只靠自身的积极性并不能满足海军对上面列举的那些网络安全的特殊需求。

4.3.2　国家综合网络安全计划

2008 年 1 月,布什总统宣布批准了一项计划,向国会提交一份综合国家网络安全计划的预算,而美国情报部门 (IC) 将在执行 CNCI 中扮演一个重要角色。[17]委员会意识到美国情报部门具有很大的潜在能力,来实现网络安全,但它也认识到,美国情报部门有不同于美国海军和其他服务部门的法定角色和责任。[18]此外,美国情报部门参与 CNCI 已经在国会和新闻界产生争议。因此,海军不应该以为其网络安全需求将只通过 CNCI 来实现。正如本章建议的,DoN 需要为捍卫 GIG 中自己的那一部分作出准备。

4.3.3 研发战略

由于上述原因, 海军委员会认为有必要关注一下在信息安全领域加强自己的科技规划[19]并与那些信息安全领域的主要研究人员建立起联系。海军的科学技术项目可以通过利用目前国防高级研究计划局、空军科学研究办公室、陆军研究办公室、情报高级研究计划署、国家安全局、国家科学基金会、国土安全部、还有其他联邦研究机构、大学附属研究中心、联邦政府资助的研究发展中心的高级项目和行业投入实现快速增长。利用别人的先进研究可以缩小技术能力的差距, 使其具备应对当前潜在的网络攻击, 以及改善海军在执行使命任务中要应对的明确现实的网络威胁等各种状况的能力。

考虑到现在的军事信息技术和网络的发展趋势、当前潜在的日益强大的网络空间敌人、信息安全形势与防御网络攻击的水平差距, 委员会推荐了一个双管齐下的海军信息安全研究策略: ① 投入网络安全研究, 第一是解决与海军专业水平存在的差距, 和开发一个与海军相关、目前在其他领域可能不会被处理的健全程序, 第二是积极参与到信息安全研究团体中来, 拓展技术, 快速转变所需要的知识和关系; ② 建立一个快速技术检测评估实验室和一个技术嵌入程序, 用以利用和加速正在进行的海军网络安全的研究。[20]因此, 海军委员会建议, 在海军研究办公室的领导下, 在海军系统信息安全领域, 研发建立海军知识库和海军陆战队信息安全知识产权。

4.3.4 研究要素

海军委员会回顾了信息安全领域先前的研究数据, 包括一个 2006 年联邦机构的研究报告[21]、空军的委托研究报告[22]、国防科学委员会报告[23]以及先前国家研究委员会的报告[24], 委员会的观点在很大程度上与这些研究报告的调查结果和结论是一致的。经过总结, 通过学习系统设计和安全功能的新概念, 确认了当前和未来威胁的严重性, 并且针对这些威胁的研究活动也得到回复。概括而言, 正在积极进行的研究涉及下列领域:

- 安全的网络性能 (路由选择、寻址访问);
- 高度完整和可信任的计算系统;
- 在遭到大规模攻击后网络的生存能力和恢复能力, 包括迅速重建信心;

- 由不安全元素组成的复杂系统的安全问题;
- 值得信赖的平台和安全应用程序的设计;
- 保护隐私数据和限制关键系统访问的新的身份验证和访问控制系统;
- 新的安全模型和指标。

但是, 基于海军研究委员会对海军研究与开发方案的审查,[25] 网路、系统、主机、用户、特权用户在安全方面存在巨大的水平差距。目前, 虽有联邦政府在这些领域的研究投资, 但海军需要在信息安全研究团体中成为更积极的参与者, 来帮助确保这些研究成果是针对海军专业领域的, 并且能够对这些成果进行理解和运用。海军委员会在海军研究办公室关于海军研究成果的新闻发布会上透露, 海军研究办公室在解决当前和未来信息安全威胁的重要方面, 只有有限的资源和少许的项目。这份报告的附录 F 提供了一个具有代表性的、学术研究室所追求的信息安全概念和高级别安全性的讨论示例, 这个示例可以建立在海军研究组织考虑申请将研究转移到海军应用程序的出发点上。[26]

在给海军的建议中, 委员会首先提出, 在全球信息栅格体系结构中没有明显精确的技术元素能够保证足够的信息安全。聪明的敌人设计了日益增加的威胁, 然而, 信息安全的要求是必须超过敌人 (它也指出, 尽管该研究课题建议里, 不包括加密, 但委员会提出加密将作为在信息安全领域的一个重要的技术进步, 同时它指出这样的进步只要一小部分就可以完全解决第 1 章中提到的信息安全威胁)。总的说来, 信息安全是整个事业中不断寻求的最终目标; 它是必须在持续进行的基础上更新和维护的, 在很大程度上是由对抗威胁的新研究 (和情报)、新概念、新技术, 以及在执行关键的海军使命任务时对信息系统的增长的依赖程度推动的。

对海军安全信息的研究主题的总结建议在表 4.1 中列示, 由主题标题下的网络级、系统级、主机级别、用户级别和特权用户级别组成 (如前所述, 关于这些话题更完整的讨论, 包括当前的赞助机构发起组织在附录 F 中列示)。委员会表明这些专题是从一组尚未优化的海军信息安全系统需求中获得的, 用来帮助制定海军信息安全研究与开发的路线图。列举的很多海军信息安全问题的例子都是一些容易突破服务器的, 这在海军信息安全系统的程序中都有清楚的标注。[27] 包括进一步解决海军水上部队和海洋前线部队的问题, 如网络弹性、人工多样性和虚拟化的安全。

表 4.1　海军信息安全高级研究项目的元素

项目元素	说明
网络级	• 边界网关协议/域名服务协议 "硬化" —— 负责所有互联网的路由和命名服务协议的核心网络协议。 • 网络滤波器 —— 检测过滤偷偷传入传出的敏感信息的滤波策略。 • 网络视觉化 —— 受到攻击时的网络报警工具。 • 弹性网络 —— 在遭受 "拒绝服务" 的攻击的情况下, 确保网络持续运行。 • 来源属性 —— 确定连接或攻击的实际来源的工具。 • 网络诱饵 —— 可以引诱敌人的可检测 (方法、行为和来源) 独立智能网络战略
系统级	• 安全成分 —— 用以确保整个系统安全性能的方法。 • 人工多样性 —— 是一种既允许互相操作, 同时又允许在相同结构的软件上实现改变的计算机构造技术。 • 协作软件社区 —— 通过共享攻击数据来强化正在进行的攻击, 和开发跟安全警报相关的共享技术。 • 隐私保护技术 —— 一种允许数据有效共享同时又能保持严格划分的技术
主机级	• 辨别混淆过的恶意软件 —— 识别嵌入恶意内容的方法。 • 虚拟化安全 —— 将主机操作系统从不受信任的应用程序中整合和隔离出来的技术。 • 自我修复软件 —— 监控和模拟自身行为的软件。 • 寿命周期抗干扰硬件 —— 检测、发现芯片级设计的不足和实现生命周期供应链攻击的技术
用户级	• 基于行为的安全 —— 通过分析用户的使用情况, 来进行合理可靠防御。 • 通过不确定性防卫 —— 部署环境的不确定性, 使敌人研发攻击变得困难
特权用户级	• 任务和行为的访问控制 —— 将用户的逻辑层任务与具体的数据和应用程序联系起来, 用作定义特殊任务和授予访问网络资源手段的方式。 • 自我保护的安全技术 —— 由用户不小心或研发过程中的失误引起的遇到拒绝服务时的应对手段

4.3.5　研发预算

　　根据海军委员会和 2009 年度海军研究、开发、测试、评估预算文件条款的描述,在过去的几年中委员会用来解决海军所面临的、不断升级的信息安全威胁挑战的研究预算资金似乎严重不足。在委员会看来,这些研究的预算资金严重不足甚至有些还被用到其他机构的研究投资中。[28] 海军研究办公室要求信息安全基础研究的资金一年约是 200 万美元,是 NSF 在信息安全研究上的资金投入的近 20 倍,小于 DHS 和 IARPA 和其他有信息安全研究科技项目的相关机构的资金投入。[29] 比较海军研发测评部门在信息安全及类似的国防军事服务研究组织的研发测评上提出的 R-2 预算依据时,也有类似的发现。例如,空军在他的 ISSP RDT&E Exhibit R-2 中描述了利用 DARPA、NSA、IARPA、DHS 高级研究部门和重点大学申请的基础研究项目,[30] 在项目中投入的资金大约是海军 ISSP 在 ONR 此类活动中资金的 3~4 倍,为空军获得了信息安全前沿的技术理论。同时,对海军来说这也是信息安全研发投入回报最大的项目。目前海军信息安全水平更突出的问题是,委员会并不建议相关部门吸收其他组织的对应被解决的高级研发进行战略投资,但是却需要信息安全研发领域中有更有能力的人员参与其中,要求参与者至少要了解正在进行的信息安全研究并能够将研究迅速运用到海军网络中。[31]

　　主要发现: 美国海军部门在信息安全方面并未建立一个足够强大的研究项目,海军研究办公室要求的大约 200 万美元一年的筹资水平甚至不足以确保相关部门有效利用其他机构的研究投资。目前,海军信息安全能力的差距是由于先进的研发中缺乏更重要的战略投资引起的。

　　主要建议: 海军研究负责人应该开发一个健全的信息技术安全程序,海军作战部长和海军陆战队司令应确保资金到位。海军研究办公室下属海军研究实验室通过资金水平的大幅提升来确保海军完全参与到信息安全技术的研究与开发中去,提供知识库来引导和优化海军方案的实施,允许海军从学术研究组织杰出的成员中获取成果。海军应该努力集中研究解决尤其是在其他领域未被充分解决的与海军需求相关的问题。

　　同时,在利用海军内部研究成果与来自其他研发部门 (例如国防高级研究计划局、国家安全局、陆军研究办公室、空间科技研究办公室、国家科学基金会、能源部和国土安全局) 提供的正在进行的研究成果的基础上,海军研究办公室应该开发一项在应对新威胁时能够快速部署解决方案的技术嵌入程序。

4.4 研发与获取的重要建议

人们普遍认识到可开发通信网络和软件应用程序的新型软件工具的更新特别快。因此,委员会把采集和开发应对信息安全攻击的工具的速度置于防御开发的关键点上。相应地,委员会在回顾为海军研发获取信息安全技术时,重点关注了能够直接支持海军系统,并能将海军信息安全灵活概念化、易于获取、评估、实施和部署的技术。实际上,协调和整合是灵活研发采集最有力的推动者。

以下三个重要的研发采集信息安全技术的建议形成了委员会的调查成果和建议的基础:

● 因为安全是一个 "智者为王" 的问题,一个组织的安全重点依赖于应对重大风险时采用统一的信息安全技术。在实际中企业安全性强的一端能被企业安全性弱的一端暗地破坏,有时甚至只要网络上的一个单一实体区域。[32]

● 时间调度至关重要。随着攻击速度的不断增加,一个重要的信息安全解决方案太晚部署也不会有效,组织研发必须在应对威胁和制定预测新威胁的解决方案时足够灵活迅速。

● "快速执行过程" 必须结合全生命周期的需要并参照与 IA 相关的执行标准。[33] 制定新的解决方案过程必须考虑到: ① 筹集资金所需时间; ② 研发、测评所需时间; ③ 寿命周期支持的设施。

4.5 研发进程

成果立法的审查和管理规定为委员会对快速执行提出相关发现和建议提供了良好的基础。首先,《海军部长笔记》第 5000 条提到 —— "快速开发部署以响应紧迫的全球反恐战争的需要" —— 允许海军负责研究、发展和采集的助理部长 "完善海军创新实验室环境和程序用以快速部署和使用第一手解决方案,满足全球反恐战争的迫切需要"。[34]套用规定的流程,迫切需要确定舰队或部队可以得到来自快速开发部署委员会的快速反应。快速研发部署委员会是一个由以下成员组成的特别委员会: ① 未来的海军技术能力监督小组; ② 海军部长助理、财政部长助理、审计部长助理; ③ 海军作战部、海军能源部、海军需求部副部长; ④ 海军陆战队司令部指挥官; ⑤ the ASN(RD&A)。在图 4.3 中展示了其他需要额外特邀的参与者的审批流程。

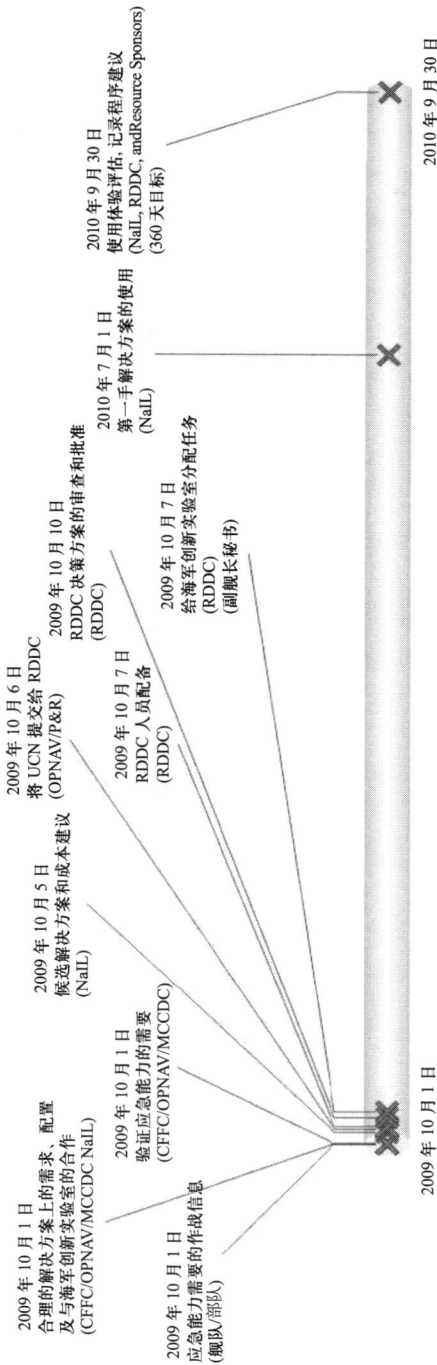

图 4.3 快速开发和部署程序的时间线上说明，这个图表假定在 2010 年度开始时已确定了一个紧急的需求。RDD 是与在《海军部部长笔记》第 5000 条中定义的多年定义的一年程序对抗的一年部署程序："紧急应对全球反恐战争的快速开发和部署"

（注：缩略词定义在附录 A 中）

加快项目进程对于全球反恐战争是迫切需要的。在委员会看来,在与国家安全相关的全球反恐战争中信息安全威胁是关键因素。因此,委员会首先建议制定在迫切需要识别时能够启用的信息安全程序。

其次,可以预期海军部门当前运营的控制程序适当整合了实验室和维护运营的资源,拓展补充了在已实现控制的系统领域中信息安全受到快速攻击时的解决方案。鉴于信息安全的基本属性,为实现创建所需的业务案例和决策、快速选择最佳资源和实现制定技术安全的标准及指导方针,海军委员会采访了当前组织结构中相关部门的首席信息官。

除了委员会以下报道的调查结果和建议之外,还回顾了 2007 年由海军和国防部长管理的为国防部 C^{3}I (指挥、控制、交流、情报) 和武器项目制定的采购政策中与信息安全采集相关的问题分析。[35] 委员会同意在专栏 4.1 中回顾总结的调查结果和建议,在综述中报道了以下两个潜在的采集问题: ① 各部门管理信息安全时存在许多不能协同的政策; ② 程序管理器提供了复杂的系统,评估与信息安全相关的、基于功能的执行流程通常要独立地从系统中获取决策。委员会为海军信息安全独立确认了同一类型的获取问题。委员会在 "组织注意事项" 这一报告的第六段中讨论并提出有助于缓解这些问题的可行方案。

专栏 4.1

2007 年, 由海军和 ODS 联合审核的国防部 C^{3}I 系统和武器程序的收购政策得到的与收购相关的发现和建议

发现: 这几年撰写的信息安全策略文件的补充文本和指导说明不具备可操作性:

- 信息安全策略问题在过去的几年有大幅度的提升;
- 各政策中发现了冲突和重叠。

发现: 全球信息栅格信息安全的指导和标准仍在不断改进, 目前并没有固定:

- 技术在快速改变;
- PA 框架正在发展;
- 关键技术在行业领导下不断开发。

发现: 大量 IA 政策 —— 许多将要更新为与当前正在执行的国防部指令 8510.bb 保持一致。

建议: 获取。

- 建立技术风险领域和全球信息栅格技术准备水平的互通区域;
- 确保全球信息栅格技术评估程序的互通性;
- 至少初步对高信息技术含量的项目进行阶段审查。

主要发现: 网络威胁变化比国防部开发部署网络安全技术的获取寿命周期时间短,包括无法应对作战任务分配风险在内的网络威胁日益增加。信息安全解决方案的快速采集和使用至关重要,但海军委员会并没有看到支持这一需要的程序得到落实。

主要建议: 委员会建议在海军研究负责人的支持下,由 ASN (RDA) 负责以下需及时制定实施信息安全解决方案的具体活动:

- 积极参与国防部工作以确定和建立情报系统,提供关于未来网络攻击技术的预测,以刺激发展防御响应;
- 利用现有运营和维护程序补充设计使海军实验室能够更迅速地制定和实施解决方案;
- 效仿未来海军性能程序,利用和加速正在进行的海军网络安全研究,建立一个快速评估检测技术实验室和技术嵌入程序;
- 为全球反恐战争的迫切需求确立一个标准的管理流程样式(就像在《海军司令笔记》第 5000 条定义的那样,对全球反恐战争研发部署做出快速回应)。

来 源: 转 载 自 Daniel Gonzales, Eric Landree, John Hollywood, Steven Berner, and Carolyn Wong, 2007, *Navy/OSD Collaborative Review of Acquisition Policy for DOD C³I and Weapon Programs*, RAND National Defense Research Institute, RAND Corporation, Santa Monica, Calif.

注释

① 某些情况下,漏洞是已知的,但是会被认为是可以承受的最低风险。

② Department of Defense Chief Information Officer. 2007. *Global Information Grid Architectural Vision: Vision for a Net-Centric, Service-Oriented DoD Enterprise,* Version 1.0, Department of Defense, Washington, D.C., June, p. 24. Available at <http://www.defenselink.mil/cio-nii/docs/GIGArchVision.pdf>. Accessed November 17, 2008.

③ 国防部政策文件中明确定义了敏感信息加密策略和技术,如

使用先进加密标准来保护国家安全系统和国家安全信息 (CNSSP-15) 的国家政策和美国国家安全局使用的分类加密技术。参见 <http://www.nsa.gov/ia/programs/suiteb_cryptography/index.shtml>. Accessed February 18, 2009.

④ 这些工具的一个例子是基于主机的安全系统, 根据 McAfee 和其他 COTS 产品部署整个国防信息系统局的 GIG。然而, 正如在第 2 章所讨论的, 当前的 COTS 产品不能使之免受未曾见过的所谓 "零日" 开发的危害。参见 Secunia, 2008, Internet Security Suite Test, October. Available on the Internet at <http://secunia.com/gfx/Secunia_Exploit-vs-AV_test-Oct-2008.pdf>. Accessed November 14, 2008.

⑤ OASIS [Organization for the Advancement of Structure Information Standards] Open Organization. 2006. Reference Model for Service Oriented Architecture (SOA) 1.0, Billerica, Mass., October 12. Available at <http://docs.oasis-open.org/soa-rm/v1.0/soa-rm.pdf>. Accessed August 22, 2008.

⑥ M. Brian Blake. 2007. "Decomposing Composition: Service-Oriented Software Engineers," Special Issue on Realizing Service-Centric Software Systems, IEEE Software, Vol. 24, No. 6, pp. 68-77, November/December.

⑦ 云计算是一种计算模式, 任务被通过网络访问分配到连接、软件和服务的集合体中。这个网络服务器和连接称为 "云"。海军未被委员会详细检查时, 云计算的概念和软件获取可为其服务, 然而, 海军应该意识到这些概念也携带 IA 风险和漏洞的。近期讨论这些风险的文章见 Dan Goodin, 2009, "Multi-Site Bug Exposes Cloud Computing's Dark Lining," The Register ®, March 12. Available at <http://www.theregister.co.uk/2009/03/12/cloud_computing_dark_side/>. Accessed March 23, 2009.

⑧ 每周漏洞公告分布图可查询 <http://www.us-cert.gov/cas/bulletins/>. Accessed March 19, 2009.

⑨ 见本报告第 1 章中的注释 27 所举的在 CyberInsecure.com 上发送日常网络威胁和网络安全新闻警报的例子。

⑩ Department of Defense Chief Information Officer. 2007. *Global Information Grid Archi-tectural Vision: Vision for a Net-Centric, Service-Oriented DoD Enterprise,* Version 1.0, Department of Defense, Washington, D.C., June. Available at <http://www.defenselink.mil/cio-nii/docs/GIGArch Vision.pdf>. Accessed February 17, 2009.

⑪ 2008 年 6 月 18 日, 项目执行办公室舰船 DDG-1000 软件集

成经理 Myron Liszniansky 向委员会递交 "A Cost-Effective Approach to Certification, Test, and Evaluation (CTE)", 华盛顿哥伦比亚特区。

⑫ 参见 DISA 的 NCES Service Oriented Architecture Foundation services. Available at <http://www.disa.mil/nces/product_lines/soa.html>. Accessed November 14, 2008.

⑬ 参见本书第 3 章中注释 12 关于 CARS 项目信息的内容。

⑭ "僵尸网络" 通常被定义为一个独立程序或与机器人行动一致的网络。

⑮ 例如, 参见 yingbo Song, Michael E. Locasto, Angelos Stavrou, Angelos D. Keromytis, and Salvatore J. Stolfo, 2007, "On the Infeasibility of Modeling Polymorphic Shellcode for Signature Detection," *Proceedings of the 14th ACM [Association of Computing Machinery] Conference on Computer and Communications Security,* ACM, Alexandria, Va., pp. 541-551.

⑯ 2008 年 1 月,George W. Bush 总统签署国家安全总统指令 54/国土安全总统指令 23,CNCI 正式成立: "网络安全与监控", CNCI 是一项由多部门经多年形成的计划, 计划列出确保联邦政府网络安全的 12 个步骤。

⑰ 在撰写本文时, 提出了 CNCI 许多方面的不确定性; 例如, 见 2008 年 5 月 2 日, 国土安全及政府事务参议院委员会上发表: "Lieberman and Collins Step Up Scrutiny of Cyber Security Initiative." Available at <http://hsgac.senate.gov/public/index.cfm?Fuseaction=PressReleases>. Accessed January 29, 2009. 同时, 从 2009 年 1 月管理变革以来, 随着相关事件的更新, 报道称美国总统 Barack Obama 已命令其国家安全顾问开始全面的为期 60 天的联邦政府的网络安全措施评估, 这是联邦政府开发一个集成网络安全策略的前奏 (Office of the Press Secretary. 2009. *President Obama Directs the National Security and Homeland Security Advisors to Conduct Immediate Cyber Security Review,* Press Release, The White House, Washington, D.C., February 9.) 本文的发布将会对综合国家网络安全计划的状态及其相关战略研究产生重大的影响。

⑱ 美国国防部和国家安全局网络操作管理主要是根据美国法典第 10 条、权限 (法律规定联邦政府的军事行动), 网络操作管理的其他特定的与 IC 相关的方面的根据美国法典第 50 条, 权限 (法律规定国外情报活动)。

⑲ 2004 年 12 月 20 日, 应海军部长指令 (SECNAVINST) 5239.3A, 从

海军部长到多所有舰船和站点修订: *Department of the Navy Information Assurance Policy,* Department of Defense, Washington, D.C., December 20, 2004, p. 15, item 3.

⑳ 1999 年, 为海军下一步集中科技资源, 美国海军部采用了新程序。未来的海军能力 (FNC) 进程改变了科技投资重点, 使之从个人技术目标发展成为海军未来功能的最高要求。附加 FNC 信息在互联网上找到 <www.nrl.navy.mil>。访问时间: 2008 年 11 月 12 日。

㉑ Interagency Working Group on Cyber Security and Information Assurance. 2006. *Federal Plan for Cyber Security and Information Assurance Research and Development,* Executive Office of the President of the United States, Washington, D.C., April.

㉒ 2008 年 3 月 6 日, 美国空军科学咨询委员会夏季研究负责人 Thomas F. Saunders 向委员会递交 "Implications of Cyber Warfare," 华盛顿哥伦比亚特区。

㉓ Defense Science Board. 2007. *Defense Science Board 2006 Summer Study on Information Management for Net-Centric Operations, Volume I, Main Report,* Office of the Under Secretary of Defense for Acquisition, Technology, and Logistics, Washington, D.C., April; 2008 年 3 月 6 日, Vincent Vitto 向委员会介绍该报告的结果, 华盛顿哥伦比亚特区。

㉔ National Research Council, 2007, Toward a Safer and More Secure Cyberspace, The National Academies Press, Washington, D.C.; and National Research Council, 2002, Cybersecurity Today and Tomorrow: Pay Now or Pay Later, National Academy Press, Washington, D.C.

㉕ 2008 年 6 月 18 日, 海军研究办公室软件和计算机系统项目负责人 Ralph Wachter 向委员会递交 "Overview of the Office of Naval Research and the Naval Research Laboratory's Information Assurance Related R&D," 华盛顿哥伦比亚特区。

㉖ 实现海军特殊 IA 需要通过网络中心操作海军舰船、飞机、岸基装置和高度集成的计算机和电信网络之间的链路, 其中包括其他船只和飞机的综合防空和集成目标数据集。前线部署探查的海军陆战队也有与数据完整性和可用性相关的具体需求。在其信息系统安全项目中, 海军部确认了 IA 需求的广泛主题, 如报告第 2 章表 2.3 中的总结。

㉗ 如第 2 章所述, 海军 ISSP 研究、开发、测试和评估项目工作为海军提供了基本信息安全元素: ① 保证信息水平和用户社区的分离, 包

括合作伙伴; ② 保证电信基础设施; ③ 保证用户飞地联合, 使用深度防护体系结构; ④ 保证计算基础和信息存储; ⑤ 支持包括公钥基础设施和目录的安全技术。

㉘ Department of the Navy. 2008. Research, Development, Test and Evaluation, Exhibit R-2, *Fiscal Year 2009 Budget Estimates, Justification of Estimates.* Washington, D.C., February.

㉙ 美国国家科学基金会项目征集 08-521(2008 年 3 月 24 日, 网络信任), NSF 网络报道 2008 财政年度信托计划资金为 3400 万美元。继此次征集后, 又发布美国国家科学基金会项目征集 08-578(2008 年 10 月 1 日, CISE [计算机和信息科学与工程] 交叉项目, 2009—2010 财年), 报告指出, 据可靠计算, 在 2009 财年和 2010 财年, 每年均花费项目资金 4500 万美元。2008 年 7 月 1 日,NSF 网上征集出版物: <http://nsf.gov/publications/pub_summ.jsp?ods_key=nsf08578>。访问时间: 2009 年 4 月 29 日。DHS 宣布为 13 名从事网络安全研究工业和学术的人员颁发 1170 万美元奖金。参见 *Federal Computer Week, online publication,* "DHS Awards \$11.7 Million for Cyber Research," August 13, 2008. Available at<http://fcw.com/articles/2008/08/13/dhs-awards-117-million-4-cyber-research.aspx>. Accessed April 29, 2009.

㉚ Department of the Air Force. 2008. "Exhibit R-2, RDT&E Budget Item Justification: 0303140F Information Systems Security Program," *Fiscal Year (FY) 2009 Budget Estimates: Research, Development, Test and Evaluation (RDT&E), Descriptive Summaries, Volume III, Budget Activity 7,* Washington, D.C., February, p. 1549. Available at <http://www.saffm.hq.af.mil/shared/media/document/AFD-080130-062.pdf>. Accessed April 29, 2009.

㉛ 在决定 ONR IA 研发投资的近似增长是否合适时, 委员会认识到信息技术的研究并不是一个显著的资本集约的任务; 也就是说, 投资的主要成本是直接和间接的人力成本。例如, 根据来自美国国家科学基金会研发调查数据 (参见 <www.nsf.gov/sbe/srs/stats.htm>; accessed April 3, 2009) 可以看出, 在 IT 研发方面, 每年在人力方面花费的全部资金基本为 200000~300000 美元, 研究生研究的成果占成本的一小部分。因此, 该委员会估计, 一项典型项目需要 3~4 名全职工作人员来完成, ONR 通过增加一个数量级的当前 IA 资金 (每年约 2000 万美元) 可以维持或调用具有 10~15 个实质性研究项目的核心组。这样一个增长将

会使得 ONR 更广泛地参与到 2006 年联邦网络安全和信息安全的研发
计划中, 研究命名的 10 个重点领域, 使之应用于海军特殊需求 (见本章
注释 21)。与此同时, 判断管理是否适当和收益是否达到预期任务的好
处等内部要事和机制所需的资金也应随之增长。

㉜ 2008 年 7 月 17 日, 花旗集团 IT 风险和项目管理执行副总
裁 Mark Clancy 向委员会递交 "Overview of Information Assurance Best
Practices—A Financial Institution Perspective,", 华盛顿哥伦比亚特区。

㉝ 委员会将 "快速实现过程" 定义为任何程序改编都是设计快速
传递目标减小风险的过程。

㉞ Secretary of the Navy. 2008. "Rapid Development and Deployment
Response to Urgent Global War on Terrorism Needs," SECNAV Notice 5000
[Cancelled SECNAVNOTE 5000, dated March 8, 2007], Department of the
Navy, Washington, D.C., January, p. 1.

㉟ Daniel Gonzales, Eric Landree, John Hollywood, Steven Berner, and
Carolyn Wong. 2007. *Navy/OSD Collaborative Review of Acquisition Policy
for DOD C3I and Weapon Programs*, RAND National Defense Research
Institute, RAND Corporation, Santa Monica, Calif.

第 5 章

基于风险分析的信息安全
优先级排序

　　海军有关部门对信息安全负有责任，现在他们面临的一个至关重要的问题是，如何权衡信息安全和其他所有任务目标，这是非常复杂的。委员会认为将任务的风险分析作为信息安全、系统投资及设计权衡时的基础是最合适的。委员会更进一步发现，考虑到目前面临的挑战，海军目前所做的，将任务的风险分析和信息安全联系起来的努力是有限和不足的。海军和海军陆战队应该保证任务的信息安全能力与所面临的威胁相匹配，包括那些其他来源的威胁，这是他们对信息安全应该有的最基本的姿态。现在却完全不是这种情况。

　　风险可以通过可能发生的事情和事情出错的后果来进行分析。会产生极端后果的事情，其发生的可能性就应该被根除。一个严密的针对任务信息安全问题的风险分析，会使大家对问题有更好的理解和重视、更合理的资金投入并能提高系统设计上的优先级，这些问题目前都是远远达不到预期的。随着海军将网络中心运营的概念 (CONOPS) 作为基本任务，整个信息安全的水平就更大程度的由信息安全的水平和任务对信息安全的依赖度来决定了。宏观上来看，非常明显，电子信息系统若可能遭受攻击，这将潜在的为敌人提供一个相当低成本且有效的方法，来削减我方海军作战效能。因此，对信息安全的态度和对海军有关部门系统结构体系的选择，应该全面进行风险分析，同样地，海军系统的其他关键元素如 CONOPS 也应该进行定期的安全风险分析来防止其受到常规的威胁。①

委员会认为,最近应该将重点放在由整个海军网络系统里的未知漏洞引起的,影响任务的高级别风险分析上。海军自己召开的招待会和委员会,对安全漏洞有关文件的审议意见表明,目前的网络体系结构存在很大的漏洞。[②] 尽管很多漏洞有补救或者减轻的办法,但是由威胁、漏洞和补救措施组成的整个系统,在进行作战任务的分险评估中,评价结果只能是一般的。对海军来说,在信息系统的风险分析问题上,最好的办法是主动投入,而不是被动的依靠外界分享。实际情况是,海军的风险评估像烟囱似地分布,没有专门的团队,也没有形成综合的整体概况。由于缺乏任务水平的风险理解,后果就是,在某些情况下,体系结构会做出一些使情况更糟糕的选择。

5.1 风险分析的背景和概述

委员会意识到,在海军的信息系统中,信息安全的目标和其他目标经常是冲突的。安全措施通常很贵,通常要建立强有力的信息安全系统,同时还需要其他领域给予牺牲和让步。比如,为了使信息系统达到更高水平的集成度和合成性,同样会使某些漏洞产生更大的破坏力。协调统筹不同的目标是很难的,因为它们之间的联系很复杂。幸好这不是第一次面临如此困难的选择。海军系统的设计结构中,很多方面都是这么复杂的,经常需要将不同属性的不相关因素进行强制平衡,当然用了很复杂的办法。前面的一些例子展示了在复杂环境下,已经完成了的风险评估,接下来用一些例子来说明信息安全和其他想要解决的系统目标之间复杂的冲突:

(1) 舰船准备将甲板上的网络,整合成一个独立的可移动、可共享的媒介。[③] 此次整合可以节约资金、人力,还能促进信息共享,但是却带来了新的信息安全问题 (尤其考虑到不在服务范围内的情况),因为之前结构体系里所有的网络都是物理托管在通信媒体上的。

(2) 受到拒绝服务攻击后的恢复能力,一定程度上是受益于大量的网络交换点产生的大量备用空间的。目前海军对信息安全的态度却是减少这些网络交换点 (为了方便监视),同时也没有考虑到,对日常的工作来说,基于网络交换点产生的备用空间是更经济的。

(3) 根据国防部的指示,海军是朝着配备标准化的台式机、用单一操作系统和应用的方向快速发展的。软件系统的相融性越高,修补就越容易, 也更容易提供安全措施来修补网络上每天出现的漏洞。但是单一的软件操作系统存在着被针对常见系统配置的专门设备精心研制的威胁攻击的巨大风险。减少日常的本地威胁, 却换来更强大的对手带来大量的全球攻击, 这样真的划算吗?

这三个典型的例子说明权衡信息安全的问题必须经过整个任务级别的风险分析。海军没有向委员会递交相关的证据, 表明自己已经进行了全面的或独立的相关分析。

5.2 海军任务风险分析的历史

过去信息安全领域可能并不重视任务的风险分析, 但是分析对海军来说不是没接触过的, 而是被证明有巨大价值的。海军的标准流程如下:

- 根据想要获得的任务功能选择系统架构。
- 发现并意识到敌人在任务中实施的迫害。
- 通过敌人造成的后果, 追踪确认的威胁。在技术和操作上的解决办法都是发展单一系统。

再看一下没有信息安全问题例子的标准流程:

- 航空母舰战斗群的宙斯盾系统是对电子和导弹威胁都能作出反应的。宙斯盾系统设计了一个具备基础导弹防御能力的系统 CONOPS, 同时设计中也引进了很多的备用操作系统概念, 因为他们考虑到所有的可能性, 危险有可能部分被解除, 部分却攻击成功从而危害了系统。宙斯盾系统的单个组件在设计可测试的过程中都考虑了各种各样的动力学和电子学的威胁。宙斯盾设计过程中的各种性能的权衡是相当复杂的, 包括经费、操作性, 还有航行力和机动性能。但是不管怎么样安全和操作脚本在系统设计的所有权衡中都是基础。

- 通信系统 (军事战略和战术中的卫星和数据链) 的核心能力被设计成解除未知电子威胁的能力。这些安全系统跟 CONOPS 结合在一起, CONOPS 必须在一个退化的通信环境和以捕获目标为基础的系统中运行。系统评估时必须将捕获目标作为任务最高级的功能。

从信息安全的角度看, 跟以往不同的是, 信息技术的变化, 使得整个新系统和 CONOPS 免受传统风险的威胁, 也改变了日常操作的变化速度和程度。海军后勤也越来越向依靠网络的方向发展, 这是一个至关重要的联合, 此外还有联盟的积极的行动支持 (如空军加油机操作)。如今在船上和在日常的工作中,给海军陆战队和海军战士提供工作站连接使用网络,就是给他们福利和士气。高级的、威力大的 (但是非常隐蔽) 威胁很可能隐藏在每天都能遇到的、范围广、灵活多变、低档廉价的操作系统攻击中。

5.3 战场上的信息安全和风险分析

风险分析涉及的范围很广,政府和工业部门使用的却不一样。在审议期间,为了说明不同的组织是如何应用不同的风险分析来完成他们的体系结构选择的,委员会被各种各样的严密和完整说明书戏剧性地包围了。

所有被委员会召见的海军组织都意识到了危机和风险分析的功能,但是离他们接受风险分析,并用它来决定设计和结构体系的选择还有很大的不确定性。最大的不足是缺乏一套能让相关的海军部门互相分享的常规威胁和操作脚本。战斗命令通过制定的操作计划对任务的风险分析进行传递,但是同样的脚本却没有被传出部门和接收部门使用。事实上,威胁脚本为了引起最大的关注,在传出部门和接收部门中的表现形式和战斗命令中的表现是很不同的。

我们前面讨论过,严谨的、专注于整个任务层次的风险评估对海军和海军陆战队来说太复杂了。但是经委员会证实,工业部发言人表示,很复杂的分析和依据分析结果进行的应对措施在有些商业工业部分经常进行。花旗集团 (金融公司,总部设于美国) 就是特别好的例子。[④] 花旗集团的信息安全是通过经常回顾已经确定的风险脚本的形式进行的 (共有约 15000 个信息基础设施支持的业务流程,来显示可能有资金损失的地方)。在信息基础设施方面进行的信息安全投资是用来应对已经能确认的风险,在各个案例中损失的钱用来确认和标注每一个新的风险。风险分析的方法和信息安全原则是互相耦合的,比如,严格的隔离每一个面像互联网的应用程序。在复杂程度和海军有关部门差不多的情况下,花旗集团的例子说明,正在进行的彻底的风险分析能在不同的抽象级别进行 (花旗集团就从业务流程到网络设计)。

另一个商业应用风险评估的例子就是威瑞森 (全称威瑞森无线通信,是美国第一家提供 320 万像素照相手机配套销售的无线营运商),它将法院的分析作为备选解决方案有效性的历史基础 (500 例实际成功的网络攻击案例)。[⑤] 提交给委员会的分析表明,进一步改进系统管理比进一步对程序进行补丁式的修补能提供更大的安全性。海军还没有做过类似的努力,来了解基于历史案例分析的实际解决方案的价值。

所有的海军组织都向委员会陈述自己进行了某种形式的风险分析,但是这些分析各种各样,通常是定性的,受限于组织的决策权范围。但是没有实质性的操作计划 (OPLAN) 可以在单一的命令范围内执行,因为缺少一个非常重要的任务级别的风险评估来指导整个决策。

5.4　新方法

存在一个问题,即分析信息安全的投资重点是很困难的,在海军的投资问题中没有比这个更复杂的了,因为威胁和其应对方法是很多样化的,而且对海军领导来说是不太熟悉的。在其他的投资案例中,威胁分析和任务脚本 (包括威胁脚本) 是任务基础,为了提高任务的效率,应该对他们进行度量。基于操作过程的分析和基于事件的分析,这两种不互斥的任务风险评估的方法对信息系统的影响在前面已经讨论过了。在实践中,两种方法都可以应用。在讨论其是否适用于海军任务之前,都要进行简要的回顾。

适度扩展传统的分析操作方法,应该允许很多的 (如果不能全部) 信息安全问题进行量化。一个常规操作的风险评估模型应该包括以下成分。

- 代表冲突场景的操作计划。任何一个战斗命令都有一些这样的脚本。
- 一个包含电子威胁、网络威胁,体现他们对信息安全能力影响的威胁模型。这些是标准的威胁,通过海军情报工作和信息安全技术团队解决。
- 与模型有关的有效操作性能指标,应该具备对网络中心独立的功能。

这种任务的风险评估由不同的海军团体来完成。委员会曾经讨论过一个特殊的例子,即太平洋舰队完成了一个包含很多威胁脚本的通信风险评估,很好地展现了评估在特殊操作计划中减少通信能力危害的影响力。[⑥] 但是委员会却发现,这些脚本和评估并没有立即在海军各级组织里得到应用。一个特殊的作战命令通过安全风险评估来展开他们的作战计划,但是威胁脚本和后果分析却经常没在这种类型的命令中使用,其他为作战命令执行提供关键服务的部门也没在使用。为了使操作分析更有效率,威胁脚本和后果分析必须在所有供应和使用的利害关系环节中进行共享。

另一种形式的风险分析是事件分析和系统监控、组织系统的风险通过组织已经经历什么威胁、在什么样的环境中经历威胁进行的评估。对信息系统来说,基于事件的统计数据分析是可能的,但这种方式对平台和武器系统却是不可行的,因为信息系统遭受的是连续的网络攻击。也就是说,海军有关部门的平台很少在正常操作的情况下受到攻击,但是网络攻击却连续不断。为确保事件的评估是有效的,需具备以下特点。

● 评估必须严格,跟踪事件发现根源及其相互的关系,为新预防方法提供基础。在实践中,为了预防事件,这不需要实时地呈现在委员会面前,而是系统地在海军有关部门的网络上就完成了。

● 需要具备代表性,事件跟踪里的事件,需要类似于那些对任务成功可能构成巨大威胁的事件。

5.5　发现与建议

主要发现: 海军还没有全面的将对手的能力转化为风险分析的假设基础,或者说一个操作的威胁。各种海军和海军陆战队组织肩负着信息安全保障的责任,但却很少互相分享风险分析和威胁模型。根据递交给委员会的信息报告就可以看出,似乎没有足够的强调对对手打算如何使用它们的能力,以及国防部的网络漏洞对海军作战的破坏。

正如前面所讨论的那样,所有递交给委员会的风险评估范围都很小,局限于单独的海军组织,没有与其他同样负有信息安全保障责任的组织共享相关的内容。一些分析确实解决了任务的风险,如太平洋舰队提供的,但他们局限于有限的威胁类型,同样不包括任务水平级别的有效性指标。其他风险评估也都具有技术含量,分析了单个系统或平台,但没有将风险扩展到对任务的影响。风险评估的核心任务是对对手的行动概念、操作目标的理解和对手通过这些功能可以实现的目标 (威胁模型)。海军有关部门不了解敌人的原则、作战概念、目标,这样对信息安全的功效似乎是非常有限的。

主要建议: 主管部门、海军情报部门、国防情报局和国家情报组织合作,应该支持网络风险分析,通过收集和分析所有情报来源,改善美国海军对对手任务目的、策略和战术的了解,并说明这些后果会影响海军和海军陆战队完成任务和目标的能力。

这个建议的结果将在下面几节中进行讨论。在委员会的信报原稿中发现另一个情况,就是对风险分析的需求不仅是自身问题 (一个情报问题),而且是共享问题。多个组织负责信息安全,信息安全能力离不开团结的努力。实现共同的目标要求进行风险场景共享。

发现: 没有进行信息安全风险分析的新系统和新概念将在日常运营和信息技术的快速变化的引导下进行信息安全风险分析。在讨论中,委员会看到了不同组织选择利用风险分析驱动架构的描述。他们的严密性和完整性都明显不在同一级别。海军和海军陆战队知道任务风险分析的重要性和作用,但他们通常只进行定性的分析,每个分析都受到组织决策权限范围的限制。

建议: 威胁和风险分析,尤其是对敌人操作概念和操作能力的分析,应该跨海军和海军陆战队进行共享,这对明显依赖于信息安全的组织是有巨大意义的。负责信息安全的组织必须使用标准有效的脚本。

整个海军和海军陆战队负责信息安全保障的组织,应该将推荐的风险分析的结果进行协调解决。负责的组织应根据共享的风险分析权衡信息安全相关安全性。

5.5.1 信息安全的风险

最终,信息安全的风险对独立的系统和子系统的个体来说只和他们有没有牵扯进重要的任务风险有关,这个重要任务风险是指可能阻止美国海军和海军陆战队完成指定任务或在执行这些任务中造成人员伤亡的威胁。因此,信息安全的风险分析应该是建立在任务风险分析的基础上的,而不是单个系统或技术组件的风险分析。

委员会认为,基于风险的信息安全策略,如果进行任务风险分析,将会形成一个成套系统的解决方案,包括以下几点:

● 弹性系统的开发,将能够 "击穿" 中断作为设计的核心。正如海军舰艇设计有损害控制的能力,海军网络和信息系统应该慢慢地设计进化成能够做到击穿中断。随着击穿中断战略的发展,战争游戏通常包括基于风险的中断脚本。应该做以下练习:

—— 大规模的干扰或损失卫星通信,消除使用可靠的通道通信的各种任务环节的时间间隔;

—— 对不受保护的,超过时间间隔的因特网/未分类的、互联网协议路由器网络 (NIPRnet) 系统的完全拒绝服务;

—— 因特网/NIPR 上的欺骗性操作;

—— 侵入内部进行攻击,可以在没有此类保护的网络上造成拒绝服务、破坏或改变信息。

● 根据风险测定各种信息功能的隔离度,以控制潜在的攻击通过一个功能影响另一个功能。当前海军信息系统环境非常庞大而且很复杂,由各个危急程度不同的系统组成。既有休闲功能的系统,也有战备船系统和武器控制系统。一般来说,危急层次是通过公认的防御姿态来区别的。例如,网络的整个管理很明显的就是,不论是逻辑的或是物理的,关键功能都与那些不太关键的功能分离。然而,分离度和监测水平需要由严格的、逐个任务进行的风险评估来决定。举一个例子,危急程度大大不同的业务功能(娱乐、物流、油轮业务、联合通信)目前托管在因特网/NIPR 网络上,且在本质上享有同等水平的监控。因此,如果出现问题,用于回退机制的资源是非常有限和没有选择性的。

● 进行任务的风险分析涉及到消除大量的具有欺骗性的依托互联网应用程序的攻击。如果某些依托互联网应用程序对任务的损失或损害影响比其他应用程序更大,那么美国海军就需要采取措施,为这些应用程序提供符合他们任务的安全保障。这些措施可能包括严格分离、用非正式的函数来替代基础设施(如无线上网的笔记本电脑),在应用程序中普遍使用的安全协议、集中监控子网,将最暴露的应用程序装在沙盒⑦里。

● 扩展反侦察的情报工作和对海军操作网络进行监控来发现目标。当前监测方案突出强调寻找已知的危险特征而不是发现以前看不见的特征。因为很多对海军网络产生大的影响的攻击应该是定制的且可能会在任何地方出现,海军不能仅仅依靠已知的特征数据库来实施监控,而是需要积极努力探索、识别有可能出现的攻击。

● 更多创新和综合的方法将应用于重要的短期决策的情报分析。用于信息安全评估的情报跟其他领域的威胁评估的情报在许多方面都类似,但在重要方面,它是不同的。委员会发现,当前的情报工作必须要满足信息安全的需要。也就是说,情报收集和分析是否满足信息安全的需要对任务的成败有巨大的影响。对情报收集和分析活动提出以下的结论:

—— 情报评估必须解决反向学说和功能,尤其像使用敌人的操作信息来窃取或操作数据,来反转攻击姿态,达到中断冲突的目的。海军在普及加密上投资了大量金钱,普及加密可以很好地阻止对手盗窃数据,但这对防止中断的影响是有限的。因为在战争游戏中,靠任何集合就想有效地解除对手的意图是不太可能的,必须结合收集、分析和检查。对手的行动概念可以在所有负责信息安全的组织里共享,收到的成果可能是一个或几个。

—— 因为敌人试图隐藏自己的能力,实现这些功能总有一些不确定性。在其他武器系统领域,必须对功能作出估计。已经建立的有效方法是邀请知识渊博的科学家和技术专家组成团队,根据对手的操作概念,想象出自己的方法,再通过估计对手的技术能力进行调整。这种类型的活动应该引进到海军有关部门的信息系统中,对结果进行估计,这样就可以在所有负责信息安全的组织里共享。

—— 对手信息的操作能力和动态能力的重要区别是信息功能每天都在锻炼。信息作战能力的最大特征是远程观察不到的,他们在运营网络。因此,网络安全应结合情报收集工作。同时,部署在运营网络中的传感器应该可以根据情报价值进行情报选择,而不仅仅是为他们提供当前的安全。情报收集和分析人士应该利用对手的活动背景来改进威胁模型和挑战假设。举个例子,有个可能进行的调查活动,委员会发现后,一个小小的努力,解除了估计范围内难以察觉的威胁。准确测量未被发现的威胁是不可能的,但可以用各种方法来估计并约束它们的范围。表 5.1 为这些方法提供了一些例子。

表 5.1　使用情报收集来帮助网络防御的示例

示例	现象描述
利用 "蜜罐"	"蜜罐" 粘在网络配置的标准保护的背后,但配置有坚固的、具有修补能力的补丁,并观察网络是否受损 (或损害影响需要多长时间)
	在高危地区运行配置网络爬虫的 "蜜罐",通过访问,观察会发生什么
	转发可疑的电子邮件给安装有自动跟踪电子邮件中的链接功能的程序的 "蜜罐",观察 "蜜罐" 是否受损
	嵌入、放置和配置一些目录和文件到常规的服务器,合法的用户不会访问它们。观察文件是否被访问,如果是,仔细监控谁来访问了它们
	运行有 "蜜罐" 的银行,用工具来检测是否有任何变化,不漏一日地寻找漏洞。以这种方式运行粘有 "蜜罐" 的银行,通过不同的保护功能发现有无受损或得到 "不该收获的东西"

（续）

例子	现象描述
故意攻击	故意攻击需要进行防御的目标系统。从网络以外的地方，使用自己的已知的攻击向量进入网络。如果堵塞率还不到100%，那么大量自己的已知攻击可以直接登录系统，消除外界未知攻击成功突破御系统的数量
	故意攻击需要进行防御的目标系统。同样，从网络外的攻击位置，但在自身网络尚未观察到时，提前用来对付自身。如果故意攻击100%穿过防御，说明该系统仍然存在明显的弱点。这个方法不会证明这些特定类型的袭击会实际发生，但它能检测系统的能力。如果故意攻击0~100%地通过系统，产生的日志也可以用来分析这个特定频率的袭击
结合使用"蜜罐"和控制攻击	结合"粘蜜罐"和控制攻击，观察控制外部攻击是否触发"蜜罐"。理想情况下，即使操作检测系统没有检测到攻击，也会造成"粘蜜罐"的活动。如果故意攻击0~100%地通过系统，产生的日志也可以用来分析这个特定频率的袭击

注: 1. 此表中"情报采集者"的例子所描述的方法类似于"缺陷的散播"和"标记与发行"的计算方法，有时会用于质量控制方面的协议。这些例子虽然不能提供精确计算标准，但是它们能在真实数据的基础上进行评估。在网络防御刊物上对蜜罐技术的使用提供广泛的指导，例如2008年11月14日发行在 <www.honeypots. net> 的内容。

2. 在2009年2月21日，<www.honeypot.net> 上将"蜜罐技术"定义为"密切关注网络诱骗服务的多种目的: 它们可以在网络上将更有价值的计算机上的敌人分散开，对于新的攻击与开发趋势，它们能更早地提供预警，并且它们在蜜罐技术的开发期间和开发之后均允许敌人的深入检测。"

——任务级别的信息安全保障，可以提供混合防守和活动的能力。原则上，积极进攻的方法可以显著提高网络防御，但里面的脚本是否还有效是不为人知的。委员会发现，还没有真正开发出一个分析主动和被动、进攻和防御的综合方法。虽然协同作用是可能存在的，但也有对抗的可能性，似乎没有做出努力来全面解决这个问题。在缺乏完整理解的情况下，希望防御姿态得到改善的投资活动或进攻方法是投机性的。随着活跃的进攻技术被纳入防御信息安全策略，在网络上收集威胁情报的能力必须大大提高，同时共享和深度集成到操作计划中。

——大量的精力被消耗在防御不那么复杂的攻击和清理它们带来的后果上。这些攻击数量巨大和偶尔有效性，是一个麻烦的问题。在监控和清理的这些攻击上花费的工作量影响了我们检测更加复杂、更加可能、更加重要的攻击。这也会导致产生流水线的态势,大量的不重要的攻击混在一起,由于缺乏精力,影响应对复杂威胁的能力。海军应该考虑修改暴露在因特网部分的基础设施,对常见的攻击向量提供基本保护 (如强大的电子邮件验证,阻止更多类型的鱼叉式网络钓鱼攻击)。

—— 提高对组织回应的重视,委员会认为,目前观察到的威胁,通过情报和建模技术可以猜测到未知的威胁。前两类情况大力证明,风险可以通过记录的操作脚本进行分析,这个脚本包括已知的和估计的威胁。为了检测到未知的威胁,委员会建议进行科学技术研究和监控,来超越依靠搜索已知特征的技术。为提高预测未来威胁的能力,每一个问题都是非常重要的,例如,和国防部负责信息安全的组织之间的结果共享,还有努力加强情报收集和分析的工作。

5.5.2　成本问题

增强信息安全措施的潜在成本和相应的回报,只有在风险分析全面解决了任务风险的情况下才能算清。海军有关部门证实,大量的支出花在平台和精准的武器系统上,因为他们没有将国家安全风险的重要性进行估计。委员会认为,越来越多信息安全的失败案例对任务绩效有同样大的影响,这将证明这些风险案例具有同等优先级。然而,这样的结论必须建立在全面评估任务的风险尚不存在的前提下。

注释

① 跨部门工作小组在特殊刊物中发现联邦信息技术系统在网络安全风险分析和风险管理方面的总体指导和最佳实践,国家标准与技术研究院 (NIST) 关于联合特遣部队的计划和计算机安全部门的研究见 NIST 特殊刊物: ⓐ Gary Stoneburner, Alice Goguen, and Alexis Ferings, 2002, *Risk Management Guide for Information Technology Systems,* No. 800-30, National Institute of Standards and Technology, Gaithersburg, Md., July; ⓑ Ron Ross, Marianne Swanson, Gary Stoneburner, Stu Katzke, and Arnold Johnson, 2004, *Guide for the Security Certification and Accreditation of Federal Information Systems,* No. 800-37, National Institute of Standards and Technology, Gaithersburg, Md., May; and ⓒ Ron Ross, Stu Katzke, Arnold Johnson, Marianne Swanson, and Gary Stoneburner, 2008,

Managing Risk from Information Systems, An Organization Perspective, No. 800-39, National Institute of Standards and Technology, Gaithersburg, Md., April.

② 在研究过程中，委员会与广泛的海军人员进行了讨论，不仅包括那些负责海军和海军陆战队网络防御、海军情报及海军网络体系结构和系统设计，还包括负责网络 IA 架构、国家安全局防御和国防信息系统局的工作人员。

③ 例如，本节第 2 章中描述的海军的综合水上网络和企业服务项目，旨在减少和巩固海军的网络系统。

④ 2008 年 7 月 17 日，执行副主席 Mark Clancy 向委员会递交 "Information Assurance: Financial Institution Perspective"，华盛顿哥伦比亚特区。

⑤ 2008 年 7 月 18 日，研究与情报副主席 Peter Tippett，向委员会递交威瑞森安全解决方案，"2008 Data Breach Investigations Report"，华盛顿哥伦比亚特区。公开报告的副本可查询 <http://www.verizonbusiness.com/resources/security/databreachreport.pdf>. Accessed March 16, 2009。

⑥ 2008 年 7 月 18 日，首席技术官 Robert Stephenson，向委员会递交 C41 执行、空间和海军作战命令 "Maritime Communication Systems (CS) Vulnerabilities Assessment"，华盛顿哥伦比亚特区。

⑦ "沙盒" 是作为一个术语，用来描述使用安全机制去隔离和控制潜在的来自不可信程序或系统的开发泄漏。

第 6 章

信息安全的组织结构

在前面的章节, 委员会报告称, 网络威胁给美国海军的网络中心战 (DON's) 及其对商用现货信息技术的依赖带来严峻的挑战。同时, 还讨论了为应对信息安全面临的这一挑战, 海军部可能采取的潜在作战和技术响应, 以及如何通过基于风险的管理方法调整这些响应。

本章考察研究潜在的组织响应。我们将会看到, 在海军部内部和外部, 有许多组织, 在海军网络作战和基于海军网络功能的捕获方面对 IA 有很大影响。鉴于这种组织复杂性以及解决日益增长的 IA 风险固有的操作和技术复杂性, 建议海军部考虑组织调整, 以更好地专注于与海军信息系统和网络相关的 IA 问题。

6.1 信息安全的联合服务性质

信息安全问题, 更广泛地说, 从信息的角度来看, 海军和海军陆战队任务保障, 不单单是海军和海军陆战队的问题。就信息网络基础设施而言, 海军和海军陆战队高度依赖于联合作战能力, 有时也依赖于其他服务商提供的系统。因此, 一般来说, 海军和海军陆战队只能通过协调参与来实现任务保障。同样, 系统的联合作战能力系统依赖于海军和海军陆战队, 以支持整体策略的方式构建和操作其相应的联合组成部分。

6.1.1 交叉服务集成的主要趋势

美国军事的一个主要趋势是联合网络中心战。其长期愿景是从相对独立的服务平台分解各种作战功能 (如传感、目标捕获、武器运载、运输和后勤)。海军舰艇应该能够向以国家手段定位的目标发射武器,为空军发射的武器提供目标定位,并能利用任何服务 (或商用) 的物流存储和系统。而完整的以网络为中心的作战能力还需数年时间进行研发,一些作战功能正在不断地改进。

联合网络中心战最关键的推动因素是信息共享。美国卫星通信体系结构已经为在同一卫星链接的所有部门提供了服务,并且,国防信息系统局 (DISA) 为所有的部门提供了一个全球通信框架。交叉服务收敛的另一个重要因素是技术,即,将不断增加的不同信息的服务类型集成到越来越少的技术平台。这种集成是一把双刃剑。一方面,它会实现更好的信息共享,达到更高的效率,并对一个给定水平的服务在实现成本降低的同时,还可以保护更少类型的技术平台。另一方面,大量的系统集成可能会导致单一的攻击即造成大规模的功能损失。一些特定的例子如下:

● 广泛使用的商用光纤和宽带卫星通信 —— 降低了全球宽带通信的成本,但是更容易受到破坏和干扰。

● 因特网协议 (IP) 的网络层融合和正在进行的交换网络基础设施的逐步停止 —— 极大地提高了网络的可管理性和允许了快速创新的商业 IP 服务的使用。然而,它同时也打开了军事网络的 IP 漏洞和单点故障。[①]

● 通过启用加密分离实现保密和非保密网络共享 IP 带宽的融合 —— 有利于带宽的大型升级,特别是对于保密服务;通过削减许多遗留系统减少了提供网络服务的成本,并提高了网络的可管理性。然而,它向托管在非保密网络上的拒绝服务攻击开放了保密网络,从而提供了一个 (虽然很小) 向分离机制妥协的可能性。

6.1.2　对海军和海军陆战队系统的联合支持

上面的示例说明了海军和海军陆战队对联合系统具有很大的依赖性。没有与其他服务部门 (某些情况下是商业企业或国外合作商) 共享的通信系统,海军和海军陆战队的作战能力会大大减弱。了解他们作战能力的减弱程度本身就是风险管理和任务保证的一个重要组成,这在报告的前面部分曾经强调过。

整体上讲,美国国防部必须采取行动,以确保配给每个命令的计划都能得到整个部门决议的充分支持。海军需要积极主动地在确保分配给作战的海军部队和海军陆战队的计划组成,在能力获得过程中得到有效的支持。委员会发现,有几个地方这些问题尤为明显,并且有证据表明,策略和决策在整个利益链中是不一致的。

在网络攻击可能存在但广泛的干扰和动态攻击不会发生的情况下,最具操作有效性和具有成本效益的通信采办方法是购买商业光纤和卫星功能。在全部的威胁攻击都可能发生的情况下,最有效的办法是获得受保护的通信功能。目前,国防部所追求的混合策略是获得以上所有功能。

海军部必须认识到追求当前的混合策略所固有的复杂性。在高带宽通信环境下工作良好的应用程序,在降低了带宽环境中可能不能很好的工作(甚至完全不工作)。设计的在低带宽环境中正常工作的应用程序和作战方针(CONOPS)集合,必须在低带宽环境进行广泛测试和试用。操作现实可能需要的既不是未受攻击的高带宽服务,也不是低带宽服务的安全核心,而是一个动态变化的中间状态。也许,在服务层两端运转良好的配置,在动态变化的中间状态不能正常运转。此外,这种动态变化是最难模拟和测试的。

从低到高的潜在威胁环境向海军和海军陆战队兵力部署提出了一个基本战略挑战。海军部应该联合情报与研究中心,研究是否有可替代的通信方法和应用程序的开发可以产生强劲的功能来应对所有级别的威胁。这可能需要部分逆转完全商用现货的进程,但可能会产生一个比当前多种后备模式的方法更稳健、安全和易维护的作战系统。

海军部还强烈主张在联合团体内部开发对海军和海军陆战队极其重要的功能。尤其是海军,与其他服务相比,更依赖移动卫星通信。特别重要的是,安全、受保护的通信功能适用于海军平台充分部署海军力量,从而实现网络中心战的优势。

6.1.3 海军部对联合系统的支持

由于国防部和海军部系统的相互依赖,每一个(服务)部门都有责任保持其设备和技术的现代化和可操作性。全球网络作战联合特遣队(JTF-GNO)负责监督联合组织,但依赖于服务部门来充分维护他们的连接系统。对于低成熟度的网络攻击,更新过程至关重要。对于高成熟度的攻击,连续补丁和升级可能产生额外的保证。对于高成熟度的情况来说,海军部需要如第5章所描述的一样,需要一个完全不同的监控技术和基于科技(S&T)的评估方法集,进行威胁模型的开发和移植。

海军和海军陆战队都依赖于联合作战功能,但是那些联合网络和应用程序反过来也依赖于海军和海军陆战队。如果联合网络中的参与者不能履行其个人职责,他们可能会影响整个网络和其他参与者。因此,海军和海军陆战队,作为一个组织,必须考虑到其政策和收购对整个联合功能的健康发展有更广泛的影响。

6.2 国防部和海军部的信息安全职责

6.2.1 国防部信息安全职责

为联合网络中心战提供信息安全是众多国防部组织包括海军部的责任。公约及国防部和海军的指示、命令和备忘录中,明确定义了国防部和海军部的信息安全职责。

美国代码标题为 10 的《国防信息安全计划》中第 2224 节,指出国防部需要制定一项防御 IA 计划。根据 1996 年早前的 Clinger-Cohen 行动②,要求国防部要有一个首席信息官 (CIO) 直接向国防部长进行汇报。在国防部 5144.1 指令中,③ 部长已指定负责网络和信息集成的国防部副部长 (ASD(NII)) 作为国防部首席信息官 (DoD CIO)。国防部指令 8500.1④ 确立了国防部 IA 政策并分配了组织职责。国防部 8500.2 指令⑤,为 8500.1 指令的实施提供了指导和程序描述。国防部指令 8580.1⑥ 描述了 IA 是如何集成到国防采办体系中的过程。

负责网络和信息集成的国防部副部长/国防部首席信息官负责制定和公布 IA 策略,监督和管理国防信息安全计划 (DIAP) 拨款,协助负责收购、技术和后勤的国防部副部长 (USD[AT&L]),以确保在国防部收购过程中,IA 考虑符合 Clinger-Cohen 行动要求。负责信息和身份保证的国防部副部长 (DASD[IIA]) 除了向 ASD(NII) 汇报,其主要职责是保证 DIAP 和全球信息格栅 IA 投资组合。国防信息系统局局长负责协助 ASD(NII) 履行其职责,主要包括特别是单一保护国防信息系统网络 (DISN) 的 IA 方法的开发。

负责收购、技术和后勤的国防部副部长 (USD[AT&L]) 负责确保所有采购中的重要决定、项目决策评审和合同都考虑到 IA 的因素。在国防研究与工程局局长 (DDRE) 的帮助和建议下,USD(AT&L) 负责监测和监督包括美国国家安全局 (NSA)、国防高级研究计划局 (DARPA) 在内的 IA 研究和技术投资。

参谋长联席会议主席 (CJCS),负责为军事 IA 功能的需求和开发、定位提供建议和评估,并为联合和组合作战发布 IA 策略、方针和程序。

美国战略司令部 (USSTRATCOM) 司令,负责协调和指导整个国防部的计算机网络防御 (CND) 作战。国家安全局局长 (DIRNSA),负责向国防部成员提供 IA 支持,包括提供 IA 和信息系统安全工程 (ISSE) 服务;管理 IA 技术框架 (IATF) 的开发;建立用于国防部信息系统所有 IA 和 IA 支持的 IT 产品的标准及过程的评估和验证。国家安全局局长与国防情报局局长 (DIA) 共同负责提供 IA 情报功能。同时,国家安全局局长还是信息安全的投资组合 (GIAP) 的代理; GIAP 管理办公室位于国家安全局内,配备国家安全局和国防信息系统局的工作人员。

国防部各部门领导负责专注于本部门的信息和系统 IA 计划的开发与实施。

6.2.2 海军部信息安全职责

海军部长指令 5239.3A 中定义了海军部 IA 计划职责。[⑦]

海军部首席信息官负责代海军部部长 (SECNAV) 按照国际法和国防部指示和命令给海军分配 IA 职责。特别地,海军部首席信息官还负责处理 IA 策略问题,集成海军部计划中的 IA 需求至采办管理过程的重要系统中,与国防部其他部门就 IA 进行全力协调。根据 2002 年颁布的联邦信息安全管理法案 (公法 107-347),一位高级信息安全员 (SIAO) 和分属海军与海军陆战队的海军部副首席信息官协助海军部首席信息官履行职责。海军副首席信息官是负责通信网络的海军作战部副部长 (OPNAV N6),海军陆战队副首席信息官则是负责指挥、控制、通信和计算机的部长。

负责研究、开发和采办的海军副部长 (ASN[RDA]) 负责将 IA 需求集成到所有海军 IT 系统的采购管理模块中,并维护信息安全中的科技程序。

海军作战部部长 (CNO) 负责开发和实现支持海军作战和资产的 IA 计划和程序,为海军 IA 提供资源支持,在海军权限范围内任命指定的信息系统审批授权机关 (DAAs),开发海军 IA 教育、培训和意识程序。

根据海军作战部长办公室的指令 5239.1C,[⑧] 海军作战部部长向负责海军 IA 程序的 OPNAV N6 分配任务,命其配合 ASN(RDA) 和负责指挥、控制、通信、计算机和情报、电子战和空间的海军副部长助理 (DASN[C^{4}I/EW/Space]) 完成工作。OPNAV N6 负责为 IA 需求进行赞助、授权和预算,并按指示 "采用信息技术生命周期的风险管理计划…"
海军网络作战指挥部司令 (NETWARCOM),负责从海军第二梯队的命令
收集和优选海军 IA 作战需求。负责指挥、控制、通信、计算机和情报
的项目执行办公室 (PEO C⁴I),是 IA 收购项目经理和整体系统安全工
程主管。海军情报办公室主任 (ONI) 负责协助 OPNAV N6 和 PEO C⁴I,
通过收集相关威胁信息,进行风险管理,从而协助定义系统安全需求。

海军作战部部长已经任命 NETWARCOM 司令为海军作战指定的审
批授权人 (ODAA),负责所有作战海军担保/总务 (GENSER) 信息系统、
网络和通信系统的审批授权;并任命海军第二梯队指挥官为预备审批授权
人。⑨ 同时还任命空海作战系统司令部 (SPAWAR) 为海军认证机构,负
责对担保/GENSER 机密和非机密的、信息、通信和网络系统进行认证。

根据海军作战部长的办公室指令 5239.1C 中定义,NETWARCOM
司令员的其他重要职责包括计算机网络漏洞测试和为舰队提供培训。
正如下面所讨论的,NETWARCOM 负责开展和指挥计算机网络防御
(CND) 的任务。

海军陆战队司令 (CMC) 拥有与海军作战部部长相同的 IA 职责。

海军 IA 策略转化为系统功能的过程如图 6.1 所示。一个海军部项
目负责人从多个来源接收 IA 策略指导,来源包括 FORCEnet 企业架
构、国防部信息技术标准登记机关 (DISR),和全球网络格栅 IA 技术框
架 (GIATF)。如上所述,国防部和海军部多个组织机构参与了这些政策
的制定。

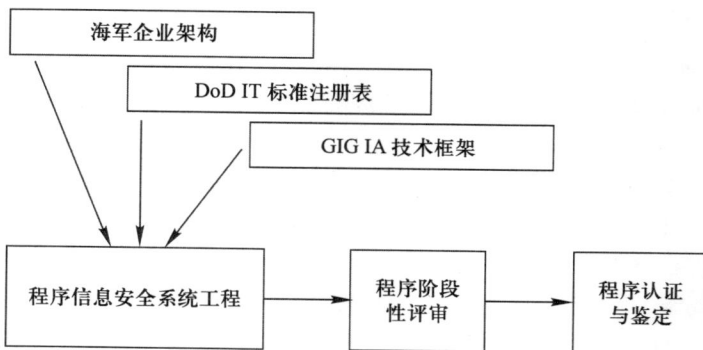

图 6.1 信息安全保障 (IA) 策略转化为海军部系统功能的过程示意图

(注: 缩略词定义见附录 A)

　　每个程序的信息系统安全工程活动负责发现用户的信息保护需求,然后设计和开发信息系统以安全抵御程序可能受到的威胁。根据国防部指令 8580.1,对于任何自动化信息系统 (AIS)、基于 IT 外包流程、GIG IT 互联平台或武器系统的收购,项目管理者需要任命一个 IA 负责人。IA 负责人负责决定系统任务保障类别 (MAC) 和保密级别,确定并实施适当的系统基线 IA 控制,并计划和执行认证和鉴定 (C&A) 过程。对于被指定为 "关键任务" 或 "根本任务" 的系统收购,IA 负责人还必须准备和提交相应的收购 IA 的策略。[⑩]

　　(ACAT) IAM、ACAT IAC 和 ACAT ID 项目所有收购类别的收购 IA 策略,[⑪] 必须在所有收购的重大决策、项目决策评审和收购合同签订之前,由美国国防部部门首席信息官批准,并提交给国防部首席信息官审查。国防部下属部门领导被授权代表国防部首席信息官,对所有其他收购的收购 IA 策略进行评审,并可能被授权批准收购 IA 策略。

　　负责指挥、控制、通信、计算机和情报的项目执行办公室和负责研究、开发和采办的海军部副部长领导的海军企业信息系统 (EIS) 项目执行办公室,负责管理大多数 IT 相关项目。然而,PEO 船只 (如 DDG-1000, LPD 17 [船坞平台登陆舰]) 和 PEO 航空母舰 (例如, CVN-76 [核动力航空母舰]) 和海军陆战队系统司令部负责管理随船只采购获得的一些计算机与网络基础设施。PEO C4I 和 PEO EIS 项目管理办公室的人员大多来自 SPAWAR。

　　据海军部部长指令 5400.15C,海军航空系统司令部 (NAVAIR) 司令、海军海上系统司令部 (NAVSEA) 司令、空海作战系统司令部司令和海军陆战队系统司令部 (MARCORSySCOM) 司令掌握着武器和 IT 系统的技术权力 (TA)[⑫] 和认证权力。特别是,项目负责人必须从 SPAWAR 或 MARCORSySCOM 获得认证,以证明正在开发的武器和/或信息系统已满足信息安全需求。如上所述,作战系统的认证,作为一种作战指定的审批权限 (ODAA),属于海军网络作战司令部司令。

　　从作战角度来看,在国防部级别,美国战略司令部 (USSTRATCOM) 被任命负责协调和指挥计算机网络防御 (CND)。全球网络作战联合特遣队作为美国战略司令部的下属单位履行着这一职责。NETWARCOM 及其下属机构海军网络防御作战司令部 (NCDOC) 负责海军的计算机网络防御。NCDOC 同时还是海军 CND 服务提供者。海军陆战队网络作战和安全中心 (MCNOSC) 负责海军陆战队的网络防御。

　　综上所述,很明显许多国防部和海军部下属组织机构参与了信息安全保障。这些组织机构正在努力协作，并开设了诸如海军网络战部队网企业 (NNFE)[13] 和网络资源消减与安全 (CARS) 工作小组等各种论坛，来促进这种合作。尽管如此，委员会担心，仍很有可能会出现对 IA 问题产生极大的延迟响应和应对 IA 问题时发生关键错误等问题。这两大问题都是由于开发 IA 策略、开发 IA 需求、拨款收购 IA 功能、开发和获取 IA 系统和操作这些系统过程中存在接缝。

在下一节中主要介绍，为了避免这些接缝，应为海军寻求更集中的组织选项 (当前海军信息安全的责任总结见表 6.1)。

表 6.1   当前海军信息安全主要职责

职能范围	组织机构	职责
作战需求	OPNAV N6	配合 ASN(RDA) 和 DASN C⁴I，保证整体 IA 项目的执行；对 IA 需求进行资助、授权与预算
	NETWARCOM	作为海军计算机网络防御 (CND) 服务供应者，在全球网络联合作战特遣部队 (JTF-GNO) 的指挥下，协调完成海军计算机网络的防御工作；应舰队指挥官的请求，对舰队成员进行 CND 培训；通过接收海军第二梯队命令输入，优化海军 IA 作战需求
	OPNAV N89	专门访问系统的计算机网络防御服务提供商
	MCCDC/HqMC	确定美国海军陆战队 (USMC)IA 的需求和功能
	JTF-GNO	指挥和协调国防部所有计算机网络的防御
	DISA	为防御信息系统网络建立连接需求和支持
	ONI	协助 OPNAV N6 和 PEO C⁴I 进行威胁输入和 IA 风险管理
策略	DON CIO/DASN C4I	为 IA 提供全局的海军部 IA 策略指导并指出重点；协调国防部其他下属组织机构
	OPNAV N6/HqMC	为海军和美国海军陆战队批准和发布 IA 策略、系统管理和标准文件
	NETWARCOM	为海军认证与鉴定政策的实施提供指导；为海军部通信安全设施 (COMSEC) 编写维护和统计策略
人力资源和培训	OPNAV N6	监督海军 IA 培训需求，向人事和培训团队 (PTST) 提供需求
	OPNAV N1	开展海军校舍 IA 培训和教育；确保 IA 培训纳入相关海军培训和适当的正规学校

(续)

职能范围	组织机构	职责
	NETWARCOM	管理海军部通信安全培训计划
	PTST	识别海军 IA 命令, 建立军事和文职人员的 IA 培训需求
	HqMC/MCCDC	开发 USMC IA 培训、人力资源和教育需求
采购	ASN(RDA)	监督所有海军部 IA 作战功能的采购, 并确保其规范性
	OPNAV N6	制定和维护海军 IA 收购总体规划; 协调舰队采购需求与通信安全
	PEO C⁴I	管理海军的 IA 采购计划和方案, 包括研发和完整的生命周期支持
	PEOs	在管辖权力范围内, 监督项目采购执行
	SySCOMs	在管辖权力范围内, 监督项目采购执行
	MARCORSySCOM	采购 USMC IA 计划
	DISA	指导 DoD 范围的 IA 产品和许可的采购
认证与鉴定	SPAWAR	海军信息和网络系统的证书颁发机构
	NETWARCOM	海军信息和网络系统的认证机构
	PEOs	在计划执行过程中, 应用 IA 架构和 IA 需求
	SySCOMs	将 IA 需求集成到信息系统设计中
	MARCORSySCOM	USMC 的系统认证与鉴定机构
	HqMC	USMC 的网络认证与鉴定机构

注: 在附录 A 中有缩写的定义。

来源: Office of the Chief of Naval Operations Instruction 5239.1C, Department of Defense Instruction 8500.2, and Department of Defense Instruction 8580.1

6.3　集成策略的发展与组织支持

本报告在前面的几章介绍了信息安全的背景和范围, 海军部为当前和未来的作战环境, 应重视信息安全保障。本章剩余部分将主要阐明目

前已解决和实现的 IA 策略和流程, 及已识别的弱点以实现部门对 IA
情势和准备工作的需求。为实现更有效的信息安全, 本章还提出了一些
对组织集成的意见和具体建议。

为达到清晰和精确的目的, 以下 "网络" 这一术语用于指大型通用
或企业系统, 如海军/海军陆战队内部网 (NMCI)、海军陆战队企业网络
(MCEN)、舰载局域网 (LANs)、航空通用网络, 和用于指挥、控制和情
报目的的国防部网络, 如非保密因特网协议路由器网络 (NIPRnet) 和保
密因特网协议路由器网络 (SIPRnet) 等。但 "网络" 一词不用于作战系
统网络, 如联合战术信息发布系统、多功能信息分发系统和协同作战能
力等。在网络和应用程序的维恩图解中, 只有考虑与性能退化相关的主
机、运输和政策时, 应用程序才包含在主机的网络设置中。在实践中,
一个网络指定的批准授权机构可以授权在网络中使用已认证的应用程
序。然而, 网络授权机构不会参与应用程序的功能化 —— 这是应用程
序的过程所有者的权限。

虽然委员会已掌握, 且有证据证明作战系统的指挥和控制已与情报
网络相融合, 但它的讨论是基于海战中这些网络的持续分离。

同时, 简报还提到了 "生命周期信息安全"。对于这一术语, 委员会
指的是在系统的整个生命周期内, 根据需要提供 IA 功能。尤其是在系
统从采购体转变为作战力, 或面临操作和维护 (O&M) 资源压力的时候,
生命周期信息安全显得尤为重要。

下面的讨论阐明了信息安全对未来的海军作战的成功至关重要的
原因和相应地位, 和为什么海军部需要将其开发和管理交由经过适当
教育和培训的干部专门负责。

6.3.1 知识产权

目前海军部, 并不拥有或控制包括网络中心命令与控制系统的信息
功能部分等关键技术组件的设计。然而, 国防部负责设计商用现货组件
的集成和使用以实现所需的作战和系统功能。COTS 组件的使用具有
显著的经济和性能优势, 但同时面临前面几章中概述和讨论的固有 IA
风险。为了应对与 COTS 组件策略有关的高水平 IA 风险, 委员会相信
海军部需要一批军官、招募人员、文职人员和承包商。这些人员能负责
任地将 COTS 组件集成到敏感的网络中心战的应用程序中, 并且对 IA
有足够关注, 从而实现管理系统设计和任务操作中 IA 与任务性能之间

的权衡。IA 管理团队必须开发响应策略来应对生命子周期中设计、开发和现场支持等逐渐变化的破坏性威胁。

委员会的意见是这一部门目前尚不是结构化地、有效地实现目标。目前存在有多个利益相关者,包括采购部门、资源供给人员、系统指挥部、人力资源外包公司和作战司令部,这些部门在信息优势的实现过程中具有不同的权限。这种结构导致知识、权力和责任大范围的分散。在委员会的观点中,随着时间的推移,对抗能力不断变化,大范围的分散不利于及时处理与 IA 相关的识别复杂性。

6.3.2　体系架构调整

今天的信息安全遭受着练习的 "传统" 和过度限制的定义的危害。信息安全不仅仅是确保正确的密码,通过安装防火墙防范网络入侵,还能确保在需要时提供补丁更新。广义的来说,IA 可以被描述为不可或缺的长期持续的过程,涉及人、程序和技术,保护高度网络化海军以防御其通信能力和内部数据遭受攻击。一个成功的网络攻击会使重要的DON 数据和信息处于危险中,因此,潜在的减弱了海军部执行任务的能力。在这个意义上,委员会通过讨论、评估,在国防部整个信息安全区域内有多个缝隙可能会阻碍一个统一的、集成的信息安全策略的开发和执行。这些接缝会使政策、收购、财务资源配置、操作及人力与培训功能和政府之间的协调性大大复杂化。例如,同步的软件架构、硬件架构和组织设计/企业架构不经常发生或完成困难。这就导致缺乏权威的、具有合适的范围和程序化的信息安全体系结构,和信息安全相关的配置控制。它也不容易允许根据威胁的未知变化进行调整,并可能呈现新的开发能力作为海军结构中高于预期的风险要素。这个偏差可以存在于海军部、整个机构和其他军事服务机构中。

与许多其他系统属性一样,信息安全在系统测试中不能 "安装"。信息安全的需求和要求及其对硬件、软件和操作环境影响必须被视为一个整体来进行设计和开发。在生命周期前期的早期设计决策和评定中,必须考虑包括由不断变化的威胁引起的潜在的调整需求在内的信息安全。否则,如果在开发后期或作战过程中再去处理,将是非常困难和昂贵的。

6.3.3　外包和收购

主要海军网络的采购来自工业,所以这些网络的知识产权不完全属于海军部或国防部。并且, 缺乏完全可信和有效的海军部信息安全作战概念和信息安全的企业架构, 使诸如 NMCI、DDG-1000 全舰计算环境、LPD 17 舰载广域网、USS Ronald ReaganCVN 76 综合通信先进网络和濒海战斗舰网络平台等主要的网络采购 (包括软件和硬件) 变得更加复杂。其潜在的影响如下:

● 随着时间的推移, 生命周期信息安全和所需的强大配置控制由系统命令和项目执行办公室转交给舰队。操作和资源压力可能会对 IA 系统升级、人员培训产生负面影响, 给生命周期配置管理带来挑战。

● 由于技术方面的威胁、系统 IA 架构与设计、系统开发和系统领域业务 (系统野外作战) 的分散, 海军丧失了对网络中心技术流程的理解和有效的管理能力。在所有的系统指挥和舰队中, 缺乏一个专门的、连贯的 "网络大军" 团体, 放大了这一趋势。

● 虽然海军向外包企业提出了大量的技术能力需求, 但是仍没有完全集成承包商至其作战过程。更值得关注的是, 发生了多次第二和第三级外包, 导致出现额外的供应商并使与之相应的能见度随之下降。

6.3.4 组织结构

由于海军内部的两个军事服务部门拥有不同的政策、需求、金融资源分配、采集、操作和人力资源与培训功能, 这就使 IA 接缝在结构上更加复杂化。为完全消除这种复杂化需考虑到影响网络中心战的各种需求。海军和海军陆战队内部的优先级差异通常可以产生不同的网络中心战作战能力结果, 通常必须在 SECNAV 级进行调解或解决。对于政策和采购问题, 这通常是由国防部内两个不同的组织解决网络中心和 IA 问题: ① 海军部 CIO 组织; ② ASN(RDA) 组织。

前面提出了许多海军部 IA 进程相关的实体描述 (详见表 6.1)。委员会评估, 海军部负责信息安全管理的部门过于复杂, 远低于最优状态。事实上, 作为一个国家级研究委员会在早 2000 年就已得出结论, "目前海军部没有一个单独的部门有 IA 管理责任和权力。"[14] 现在情况仍是如此。

6.3.5 组织调整需求

鉴于本章提到的原因, 结合上面提到的海军部信息安全管理的描述, 委员会建议进行组织调整。海军部应该检查收购并管理网络的替代方案, 以严格控制体系结构、生命周期支持和配置管理的 IA 训练; 适应技术嵌入的能力; 便于风险管理的结构。为了深入了解有助于实现这些目标的组织模型, 委员会考查了海军核动力推进计划 (NNPP) 和美国陆军首席信息官/信息管理助理参谋长 (DOA CIO/G6) 组织。

1. 海军核动力推进计划

美国海军核动力推进计划以其对安全保障的有效管理和问责制而闻名。例如, 2003 年 "哥伦比亚" 号航天飞机事故后, NNPP 主任, 被要求在国会证明 NNPP 及其文化 "使得海军反应堆在过去 55 年成功运转" 的安全性。最近, 国防部部长责令 NNPP 主任调查在某型洲际弹道导弹上错误使用保险丝的问题。⑮ ⑯

根据第 12344 号行政令,⑰ 建立了由海军部和美国能源部 (DOE) 实施的美国核动力推荐计划, 该项目由在海军核动力推进服务 8 年的、具有技术背景和经验的主任领导,⑱ 该主任为一名海军军官 (到目前为止, 所有主任都曾是海军军官), 是一个直接向海军作战部部长报告, 直接接近海军部长的海军上将, 并且是能源部部长助理。NNPP 负责海军核动力推进的所有方面的总职责, 包括海军核动力推进设备的研究、设计、施工、测试、操作、维护和最终处置; 包括标准和规范地制定和实施反应堆安全条例; 所有反应堆操作人员的培训和合作等人事安排及采集、后勤、和财政管理的监督与管理。

NNPP 和 NNPP 主任的位置, 是海军管理结构为了应对专业化和安全责任等高优先级需要的独特方面。由于当局授予主任的权限, 委员会监视 IA 和联网的政策、需求、预算、研究、收购、操作、人事管理与培训之间潜在的接缝在核反应堆中不存在。委员会明白, 为舰船提供的反应堆和网络之间有显著差异, 由于包括美国海军上将海曼·里科弗的遗产等独特因素, NNPP 的管理结构不能简单地复制到 IA 和网络。

尽管如此, 委员会依然相信, 核推进区域和 IA 区域有很强的相似之处。在委员会的分析中, 包括权力和责任的高度一致性需求; 强有力的领导和连续性需求 (就 NNPP 来说, 任职要求、高等级和领导任期长都对此有推动作用); 强调技术人才的选拔和培训; 强劲、持续的技术支持需求 (就 NNPP 而言, 此项需求由美国能源部实验室提供), 这就要求 IA 区域有一个与核推进区域类似的组织响应。由 NNPP 模型可以吸取一个经验 ——NNPP 存在一个清晰而强烈的关于核推进任务和适用权限的所有权意识。

2. 陆军首席信息官

DOA CIO/G-6 负责为陆军提供体系架构、管理方式、投资组合管理、战略、C⁴ IT 收购监管和作战能力, 以保障陆军在联合网络中心作战中充分发挥其作用。[19] DOA CIO/G-6 由一位中将担任, 负责直接向陆军部长汇报, 并向陆军参谋长提供人员支持。DOA CIO/G-6 组织如图 6.2 所示。

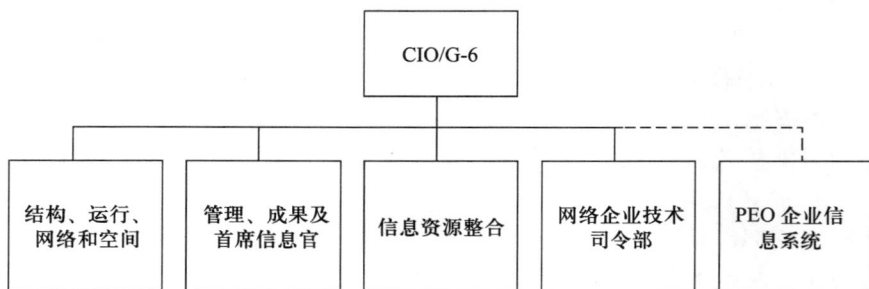

图 6.2 陆军部首席信息官办公室组织结构

陆军的网络企业技术司令部 (NETCOM) 直接向 DOA CIO/G-6 汇报, 并运营和维护陆战网 (LandWarNet) —— 全球信息栅格的陆军部分。网络企业技术司令部司令由一位少将担任。由 17000 多名士兵、文职人员和承包商组成, NETCOM 信号指挥部和团部在全球范围驻扎和部署, 以支持陆军、联合部队、跨部门和跨国业务, 以及五角大楼。

企业信息系统项目执行办公室 (PEO EIS) 负责开发、采购、集成、部署并维持网络中心信息技术、企业管理、通信和基础设施系统。PEO EIS 在实线的基础上直接向负责采购、后勤和技术的陆军副部长 (ASA[ALT]) 汇报, 也可在虚线的基础上向 DOA CIO/G-6 汇报。

DOA CIO/G-6 是陆军与外部组织进行信息管理事务处理的主要焦点; 拥有策略、需求、预算、操作、培训和人员管理等方面的权限; 并且是陆军信息系统制定的审批授权机构 (DAA)[20] (除了陆军敏感分格式信息 [SCI] 系统); 支持信息系统和其他主要功能部分的 ASA(ALT) 收购。同时, 陆军部的使命、组织和文化与海军部不同 —— 特别地, 是向上文中所提到的, 海军部有两个服务部门 —— 而陆军部首席信息官组织为网络和 IA 的替代组织和管理结构提供了一个实例, 即 DOA CIO/G-6 明确以一个特定的角色, 来完成填补各种陆军组织之间 IA 和网络相关的接缝任务。

6.3.6 替代组织模式

根据对海军当前的网络和 IA[21] 组织结构的分析, 综合考虑如 NNPP 和 DOA CIO/G-6 等模型, 委员会考虑了一系列不同的、新的替代组织结构。期待着 DoN 可能会考虑加入一个组织响应, 解决本报告中概述的信息安全面临的挑战, 委员会已经开发了四个海军 IA 组织模型替代方案, 详细说明如下。

四个方案中被认为最全面的组织方法是方案 1; 方案 2~4 或多或少都与方案 1 有一些不同。我们用四个图表分别对四种方案的结构进行描述。而且, 这些方案的元素也可以选择性地进行实施。

1. IA 组织模型 —— 方案 1

方案 1 (图 6.3) 将建立一个新的海军将官/将官的职位, 该职位作为海军网络单一权威, 享有海军网络部部长 (DNN) 权力, 负责海军和海军陆战队之间的轮转。DNN 负责提供强有力的领导, 以满足海军网络安全操作的需求, 其方式类似于美国海军反应堆部主任对海军反应堆的安全运行的强力领导。相对于文职人员, 武装军官更能显示这一职位在作战中的重要性。该职位会采用 DoN CIO 和 DASN (C^{4}I/EW/空间) 的现有功能, 可直接向海军部长汇报, 以获得海军网络系统监管和实现 Clinger-Cohen Act 的职责。[22] 这一职位人员还有向 CNO 和 CMC 报告的职责, 并负责海上和濒海信息系统的生命周期管理且需要为专业顾问、志愿兵和民用网络工作者提供专门的教育和培训。这一职位的委任至少会持续一个项目目标备忘录 (POM) 周期 (5 年), 以确保政策和执行的连续性和问责制。

DNN 与 OPNAV N6 和负责需求和资源问题的海军陆战队司令部 (HqMC); 与 NETWARCOM、MCNOSC 和负责作战事务的海军陆战队信息作战中心, 及负责采购事务的 ASN(RDA) 呈虚线所示的关系。DNN 还负责在所有海军集团 (表面、地下、远征、空中、空间和网络空间) 内与联合社区间的 IA 策略和计划集成。如果海军网络被认为是受损, 可能损害海军作战, 海军网络部部长有权建立一个网络 "安全运转" 标准作为执法机构。[23]

该模型将保持海军网络战司令部 (NETWARCOM) 在 III 级梯队中继续担当海军网络功能和作战型指挥官的职责, 但也授予

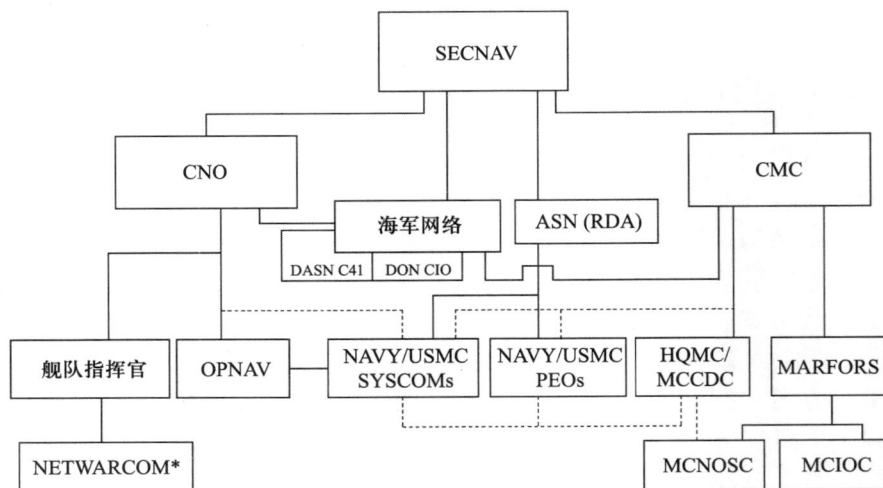

(NETWARCOM 在这个模型中有认证和鉴定的权限)

图 6.3 　组织模型 — 方案 1: 为海军部部长 (SECNAV)、海军作战部长 (CNO) 和海军陆战队司令 (CMC) 增加 "海军网络" 组织

(注: MARFORS 为海上部队。其他缩略词定义见附录 A)

NETWARCOM 和 HqMC C⁴ 对海军网络软件和硬件系统认证和授权的权限。这一方案有利于巩固 DNN 在 IA 策略、收购、金融资源配置、操作和人力资源与培训功能等方面的重要职责。

　　DNN 的建立有助于使人认识到, 网络对当前和未来的海军作战能力的重要性。DNN 可与 NNPP 的成立相提并论, 代表一个历史性的进步。

　　委员会认为, 为海军部获取网络能力并提供必要的生命周期支持和必要的教育和培训等必须由部门内的最高等级来执行, 以实现正确的组织响应。为应对信息和网络系统开发、生产和部署过程中可能发生的紧急情况, 尤其是为了协调 IA 功能, DNN 还会被赋予后期项目和后期预算的调整权限。这个组织的定位会通过合并 DON CIO 和 DASN C⁴I 的职责获得巨大的好处。这将允许 DNN 采用 Clinger-Cohen Act 和国防部 5000 采购指令两种途径为海军部获得最佳效益。办公室的合并也将通过办公室向 SECNAV、CNO 和 CMC 报告, 实现网络的转换跳过采购部门, 直接到作战部队。这将赋予海军网络部主任以确保网络的生命周期支持的职责。

　　与海军核反应堆部主任类似, DNN 必须获得专业技术以保证知识的技术深度和连续性。这将由 SPAWAR 和海军实验室提供,并由联邦政府资助的研发中心和承包商根据需要进行扩充增强。

海军部唯一的执行权力将会被赋予 NETWARCOM 和 HqMC C⁴,进行信息系统的认证和授权,这将为最关键的 IA 需求集中权力。NETWARCOM 指定认证机构和建立独立的检验和确认团队,以定期或经常检查收购和作战阶段的批准认证。DNN 还会与海军作战和情报机构协调进行网络威胁分析。

由于 DNN 的地位、任期和技术支持,DNN 会被很好地定位于解决在这个报告提到的其他关键问题,包括激励海军在 IA 和 CND 方面的研究项目、整合网络攻防行动和通过风险管理方法整合 IA 的各个方面。

2. IA 组织模型 —— 方案 2

方案 2(图 6.4) 将建立一个网络项目办公室 (NPO) 作为项目申报管理人员 (DRPM),负责向 ASN(RDA) 汇报、转移或添加海军的 PEO C⁴I 和 PEO EIS 及适当的 USMC PEOs 所需的支持资源,确保海上和濒海网络的交付及其生命周期的管理,并确保对与 IA 准备相关的具有挑战性的收购及其严格的收购原则保持高度注意。

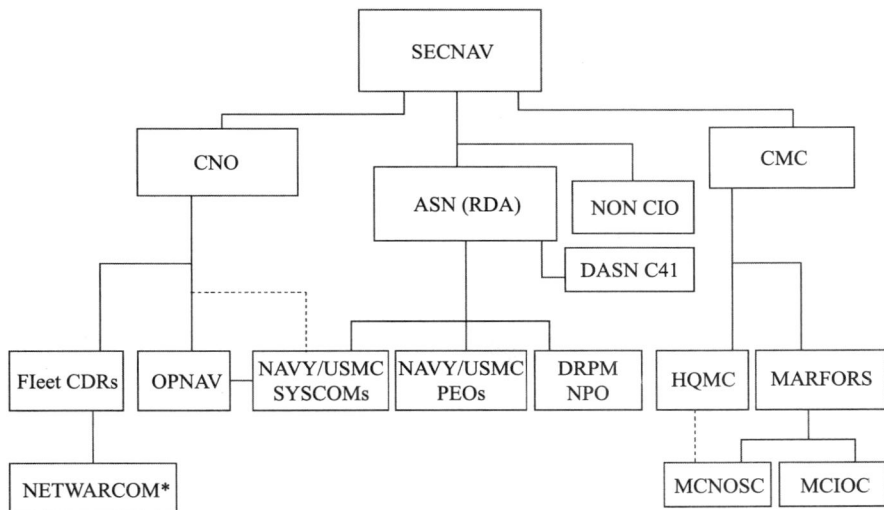

(NETWARCOM 在这个模型中有认证和鉴定的权限)

图 6.4   信息安全组织模型 — 方案 2: 为 ASN(RDA) 增加了作为项目申报管理者
(DRPM) 的 "网络项目办公室"(NPO)

(注: CDR 为司令员, 指挥官; MARFORS 为海上部队。其他缩略词定义见附录 A)

在这一模型中, NETWARCOM 保留其在三级梯队中继续作为海军网络的功能与作战型指挥官的职责; 同样, 保留 MCNOSC 当前在海军陆战队中的权力机构和职责。与方案 1 相同, 本方案也将授予 NETWARCOM 和 HqMC C^4 唯一权限, 对海军网络中的软件和硬件系统进行认证和授权。因此, 这一方案仅修改海军 IA 策略和收购, 而不会改变财政资源配置、操作或人力和培训功能。

作为项目申报管理者的网络项目办公室的成立, 可以为网络领域重要的、新增挑战性收购提供必要的特殊审查和监督。NETWARCOM 和 HQMC C^4 被授予海军部内部的唯一权限, 进行信息系统的认证和授权, 为最关键的 IA 需求集中了权力。

3. IA 组织模型 —— 方案 3

方案 3 将 NETWARCOM 提高至向 CNO 汇报的 II 级梯队, 负责整个海军范围内的信息安全和网络的识别 (图 6.5)。这个模型还授予 NETWARCOM 和 HQMC C^4 的唯一权限, 负责海军网络软件和硬件系统的认证与授权。这一备选方案修改了策略和可能的财政资源配置, 并且修改了人力资源与培训功能。但该方案并未改变采购和操作。

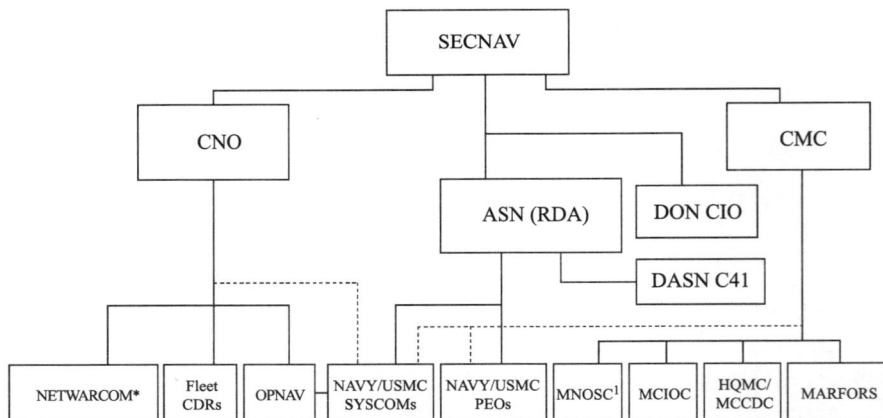

(*NETWARCOM 在这个模型中有认证和鉴定的权限)

图 6.5   信息安全组织模型 — 方案 3: 具有 II 级梯度信息安全权限的海军网络作战司令部 (NETWARCOM)

(注: CDR 为司令员, 指挥官; MARFORS 为海上部队。其他缩略词定义见附录 A)

---

[1]译者注: 原文为 MNOSC, 经查阅资料拼写错误, 应为 MCNOSC。

将 NETWARCOM 作为第 II 梯队命令, 将会认识到海军范围内信息安全的重要性, 并将这一重要功能直接向 CNO 汇报。根据第 II 梯队命令建立 NETWARCOM, 将使 NETWARCOM 明确其在整个海军企业范围内网络 IA 策略和操作的执法责任。随着 NETWARCOM 将直接向 OPNAV 全体成员提供信息和网络需求, OPNAV 增加的影响在程序计划和预算系统过程中将会显现。同方案 1 和方案 2, NETWARCOM 和 HQMC C⁴ 被授予海军部内部的唯一权限, 进行信息系统的认证和授权, 为最关键的 IA 需求集中了权力。

4. IA 组织模型 —— 方案 4

相对于当前海军 IA 行动, 委员会提出的第 4 种模型是变化最小的。这一方案将授权 NETWARCOM 和 HQMC C⁴ 唯一的权力 —— 对海军网络中的软件和硬件系统进行认证和授权 (图 6.6)。因此, 这一替代方案仅改变了海军 IA 策略, 并未改变收购、财务资源配置、操作和人力和培训功能 (详见表 6.2 对上面讨论的 4 种方案的总结比较)。

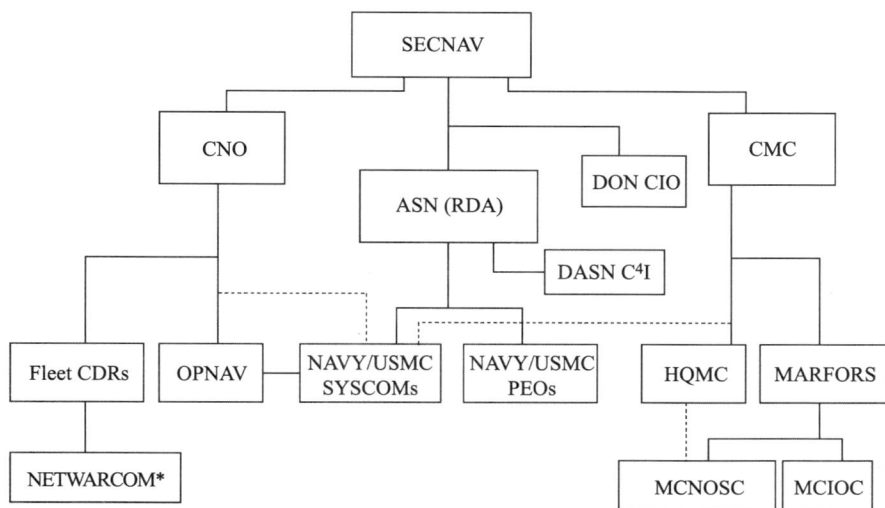

(*NETWARCOM 在这个模型中有认证和鉴定的权限)

图 6.6　信息安全组织模型 —— 方案 4: 具有额外信息安全权限的海军网络作战司令部 ((NETWARCOM) 和海军陆战队网络作战与安全司令部 (MCNOSC)

(注: CDR 为司令员, 指挥官; MARFORS 为海上部队。其他缩略词定义见附录 A)

表 6.2　替代组织模型构思及其对海军信息安全功能部分的影响对比

计划组织构建	海军信息安全功能区域影响				
	政策	采集	资源配置	操作	人力与培训
海军网络	结合 DoN CIO 和 DASN (C⁴I/EW/空间) 将 C&A 唯一授权给 NETWORK COM\HQMC C⁴	结合 DoN CIO 和 DASN C⁴I	结合 DoN CIO 和 DASN C⁴I 与 OPNAV N6 配合	安全操作给 NET WARCOM 和 MC NOSC 增加网络威胁分析	指挥海军网络人力和培训管理者和网络工作人员
直接报告网络计划办公室	将 C&A 唯一授权给 NETWORK COM\HQMC C⁴	DRPM ASN(RDA)	无变化	给 NET WARCOM 和 MC NOSC 增加网络威胁分析	无变化
NETWAR COM 梯队	将 C&A 唯一授权给 NETWORK COM\HQMC C⁴	无变化	计划目标备忘录主要参与者	给 NET WARCOM 和 MC NOSC 增加网络威胁分析	指挥海军网络人力和培训
NETWAR COM、HQMC C⁴ 附加 IA 部门	将 C&A 唯一授权给 NETWORK COM\HQMC C⁴	无变化	无变化	给 NET WARCOM 和 MC NOSC 增加网络威胁分析	无变化
注: 在附录 A 中有缩写的定义					

总结讨论

委员会与几位被选中的高级海军将领进行了协商, 他们就可能的组织建议能力向委员会提供新见解。这些官员包括现任海军核动力推进计划部主任、前 ASN(RDA), 和现任 NETWARCOM 司令。他们还被选中帮助委员会了解与当前管理海军 IA 和解决 IA 问题 "联合" 方法相关的问题。在与上述所选官员进行讨论、委员会自己的分析和基于经验的个人观点, 及海军对信息安全面临的日益增长的威胁预测的基础上, 委员会认为, 方案 1 将海军和海军陆战队放在了最佳位置, 来解决当前和未来的信息安全和网络面临的挑战, 以及促进 IA 进程的快速发展。该委员会不否认, 上述模型的范围描述可能不十分详尽; 但是, 方案 1 提供了最清晰、全面的海军 IA 管理权限和解决本报告所涉及的 IA 问题的可靠性, 包括前面讨论的海军 IA 策略、收购、财务资源配置、操作和人力资源与培训功能之间管理接缝。方案 1 模型为基本的海军部信息安全任务的所有权和问责制提供了一个明确而强烈的信号。

由于对海军网络部部长给予适当的权力和责任分配, 方案 1 将更近似于美国陆军总部 (HQ) 规定的清晰的权限和责任网络命令行。[24] 美国陆军总部管理与网络相关行动的模式, 与目前海军部管理海军 IA 和网络的联合方法完全相反, 似乎提供了更清晰的管理责任和更清洁、明确的职权系统。[25] 通过为海军网络问题提供一个焦点, 拟议的海军方案 1 构思, 也会促进与联合组织的关系, 确保整个海军部步调一致。

作为一个不引人注目、潜在的海军 IA 组织方法, "强联合" 的管理模式 —— 在这一方案中, 多元体系的每一部分都对责任之间的关系有一个清晰的理解, 并且都有明确的职责, 是当前 "弱联合" 模式的一个改进版本 — 也同样被委员会认可, 为海军 IA 管理问题提供一种部分解决的方法。

然而, 这种联合方法对许多交叉 IA 和网络作战有关的问题缺乏明确的问责制, 可能还会遗留未解决的潜在关键 IA 问题, 例如: ① 危急时刻快速响应和决策的需求; ② 错综复杂的网络技术领域, 深层知识训练有素的人力的开发和连续性; ③ 具有不同的影响组织点的 IA 资源优先级的持续性需求; ④ 更系统地管理和平衡与高级 IA 相关的交易和行动风险所需的专业知识的开发。

和任何被建议的组织模型一样, 委员会为海军 IA 提出的首选集中命令模型有优点也有缺点。例如, 与多个或少数竞争的权力部门共存结构相比, 集中组织结构有时会被认为缺乏创新性, 或缺乏适应性。同时, 在横向和多向交流时, 相对不集中的结构通常比有层次的、自上而下通信的集中式结构更好。

尽管如此, 委员会的观点是, 解决上述四个潜在关键 IA 问题所需的组织结构, 再加上越来越多的网络攻击和对明确的 IA 问责制产生的

需求,都表明方案 1 是首选模型。而相对于方案 1 中的主题,方案 2、3
和 4 缺少相应程度的变化,委员会的观点是,IA 和与之相关的网络行动
要求比方案 2、3、4 中的管理权限和单行的问责制更为明确,尤其是在
未来几年,随着网络中心战、信息安全和网络战的重要性日益增长,这
种差距将更为明显。[26]

方案 1 或者上述任一模型中,海军部的决策和及其实现,显然需要
进一步深入研究和思考。然而,解决信息安全和网络防御需求的紧迫性
要求出现一种新的组织模式,在这种新的组织模式中,应该立即开始严
肃认真的检查。委员会认识到,推荐方案 1 的组织变革也将是海军部重
要的一步;但是,委员会依然相信,正如一位高级海军领导人的建议,这
种变化最好是通过一系列坚决果断的海军领导人的愿景和驱动来实现,
而不是应对网络相关的重大灾难性事件来实现。

重要发现: 信息安全管理广泛分布在海军中,由多个部分的参与,因
此导致许多管理接缝的产生。特别是,没有集中的权威部门或组织机制
现场管理海军部 IA 和端到端网络行动。例如,海军网络安全策略和财
政权限共享的管理范围,存在于整个海军部中,包括美国海军首席信息
官;负责网络作战的海军作战部副部长;海军陆战队总部;海军网络战
司令部;第二梯队首席信息官;海军设施司令部司令;项目执行人员和
海军系统司令部。

主要建议: 海军部的领导应该把检查集中在与 IA 相关的组织结构,
以整合所有海军部门 (地上、地下、远征、空中、空间、网络空间) 的信
息安全策略和计划,以及与联合部门 (国防部长办公室作战司令部) 的
信息安全策略和计划。这些检查应该解决维持当前和未来的准备水平
所需的 IA 管理和财政管理权限,并且这些检查对海军部从战略到战术
级别组织防御不断发展的网络威胁是至关重要的。

注释

① Bellovin 的经典论文中指出,在协议中 IP 漏洞是固有的,而不能
仅仅归因于现实问题。见 Steven M. Bellovin, 1989, "Security Problems in
the TCP/IP Protocol Suite," *ACM SIGCOMM Computer Communication
Review,* Vol. 19, No. 3, pp. 10-19, July. 也可见 Steven Bellovin, 2004, "A
Look Back at 'Security Problems in the TCP/IP Protocol Suite,'" presented
at the 20th Annual Computer Security Applications Conference, December.

可查询 <http://www.cs.columbia.edu/~smb/papers/ipext.pdf>. Accessed May 1, 2009.

② 1996 年财政年度国防授权法案, 公法 104-106 条曾被称为 "信息技术管理改革法案," 1996 年 2 月 10 日。

③ Department of Defense. 2005. Department of Defense Directive No. 5144.1, Washington, D.C., May 2. 可查询 <http://www.dtic.mil/whs/directives/corres/pdf/514401p.pdf>. Accessed May 1, 2009.

④ Department of Defense. 2002. Department of Defense Directive No. 8500.1, Washington, D.C., October 24. 可查询 <http://www.niap-ccevs.org/cc-scheme/policy/dod/d85001p.pdf>. Accessed May 1, 2009.

⑤ Department of Defense. 2003. Department of Defense Directive No. 8500.2, Washington, D.C., February 6. 可查询 <http://www.niap-ccevs.org/cc-scheme/policy/dod/d85002p.pdf>. Accessed May 1, 2009.

⑥ Department of Defense. 2004. Department of Defense Directive No. 8580.1, Washington, D.C., July 9. 可查询 <http://www.defenselink.mil/cio-nii/docs/DoDI_8580.1pdf>. Accessed May 1, 2009.

⑦ Secretary of the Navy. 2004. SECNAV Instruction 5239.3A re: Department of the Navy Information Assurance Policy, Department of the Navy, Washington, D.C., December 20. 可查询 <http://doni.daps.dla.mil/Directives/05000%20General%20Management%20Security%20and%20Safety%20Services/05-200%20Management%20Program%20and%20Techniques%20Services/5239.3A.pdf>. Accessed May 1, 2009.

⑧ Chief of Naval Operations. 2008. OPNAV Instruction 5239.1C., Department of the Navy, Washington, D.C., August 20. 可查询 <http://www.fas.org/irp/doddir/navy/opnavinst/5239_1c.pdf>. Accessed May 1, 2009.

⑨ OPNAV 89 被指定为 DAA 特殊访问程序和引导程序,ONI 是指海军为所有敏感隔离信息 (SCI) 程序系统连接 NSA DAA。

⑩ 国防部指令 8580.1 为 "重要任务" 和 "关键任务" 的 IT 系统命名提供了定义和指导。此类系统名称必须由部门领导、作战指挥官或其指定的人决定。可查询 <http://www.defenselink.mil/cio-nii/docs/DoDI_85801.pdf>. Accessed February 11, 2009.

⑪ 采购类别 (ACAT) I 计划是主要的国防采办计划。对于 ACAT ID 程序, USD(AT&L) 起到主要的决定作用 ("ID" 中的 "D" 指的是国防采办委员会)。针对 ACAT IAC 计划, 国防部具有主要的决定权 ("IAC"

中的 "C" 是指 CIO 中的 "C")。针对 ACAT IAM 计划, ASD (NII)/DOD CIO 具有主要的决定权 ("IAM" 中的 "M" 是指主要的自动化信息系统审查委员会)。

⑫ 技术权威是指有建立、监视、批准适用于 DOD 和 DON 政策、需求、架构和准则的技术标准, 工具流程的权力、责任和义务。

⑬ NNFE 关注指挥、控制、通信、计算机、作战系统、情报 (C^5I) 系统和适当的业务 IT 解决方案。由 NETWARCOM 指挥官任职为首席执行官, SPAWAR 指挥官作为首席运营官, OPNAV N6 指挥官作为首席财务官。

⑭ Naval Studies Board, National Research Council. 2000. *Network Centric Naval Forces: A Transition Strategy for Enhancing Operational Capabilities,* National Academy Press, Washington, D.C., pp. 217-218.

⑮ 2003 年 10 月 29 日, 美国前众议院科学委员会海军核动力推进项目主管, 海军上将 F.L. Skip Bowman 发表声明, 华盛顿哥伦比亚特区。还可参见 NNBE Benchmarking Team, 2003, *NASA/Navy Benchmarking Exchange (NNBE),* Vol. II, Progress Report, Naval Sea Systems Command and National Aeronautics and Space Administration, Washington, D.C., July 15

⑯ Secretary of Defense Task Force on DoD Nuclear Weapons Management. 2008. *Report of the Secretary of Defense Task Force on DOD Nuclear Weapons Management, Phase I: The Air Force's Nuclear Mission,* Washington, D.C., September.

⑰ Ronald Reagan, President of the United States. 1982. *Executive Order 12344* (Naval Nuclear Propulsion Program), The White House, Washington, D.C., February 1.

⑱ 该计划也被称为美国海军海上系统司令部 (NAVSEA) 核动力推进理事会 (08), 或 NAVSEA 08。

⑲ Headquarters, Department of the Army. 2008. "Army Knowledge Management and Information Technology, Army Regulation 25-1," Washington, D.C., December 4.

⑳ CIO/G-6 可将职权委派给 DAA, 军队证书颁发机构 (CA) 是军队高级 IA 官员。信息安全与合规办公室 (NETCOM 成员之一) 长官被 DOA CIO/G-6 任命为 SIAO。CA 维护有资质的政府组织列表以完成认证活动。

㉑ 在本章前面定义的该词的含义中可看出委员会认为 IA 管理离

不开网络管理, 因此, 他的组织建议涵盖 IA 和网络。

㉒ 1996 年, Clinger-Cohen 法案 (公法 104-106 条) 概述了政府机构和首席信息官职责中信息技术收购的要求。任何海军部 IA 组织对其进行改编必须符合 1986 年 Goldwater-Nichols 国防部修改法案 (公法 99-433 条) 的要求。在这个法案下, 海军部长明确了如何给海军副部长和部长助理分配相应的权利、职责和义务。海军部长加大了 ASN(RDA) 部门内部 "建立政策、程序并管理所有研发和收购" 的责任 (公法 99-433,99)。

㉓ 这种 "安全运转" 的决定可能涉及到 "网络增益/损失" 和 "运营收益/损失" 的重要操作风险分析。那就是, 遗留的网络连接可能会允许一个入侵的传播, 但断开网络可能导致任务的失败, 且如果任务是依赖网络连接的则可能会缩短寿命。

㉔ 参见 Army Regulation 25-1, Headquarters, Department of the Army, Washington D.C., December 4, 2008; and Capt Carla Pampe, USAF, 8th Air Force Public Affairs Office, 2006, "Air Force Officials Consolidate Network Ops," Department of the Air Force, Barksdale Air Force Base, La., July. 可查询 <http://www.af.mil/news/story.asp?id=123023090>. Accessed May 1, 2009.

㉕ 请注意, 军队网络领域支持分布于 NETCOM 和情报与安全命令之间的操作 (包括其下属部门, 第一信息作战司令部 (陆地)), 而海军巩固网络操作从属于 NETWARCOM。

㉖ 例如, 由近期研究美国空军核武器缺乏清晰条理错误装运的事例得到重要发现, 在过去的几年里, 提供安全保障的措施逐年降低。换言之, 2008 年 10 月 10 日, 海军核动力推进秘密通信委员会联合主席, 海军上将 Kirkland Donald 说, "没有人承认这个问题"。

附录 A

缩略语

ABNCP	Airborne Command Post	空中指挥所
ACAT	Acquisition Category	采办目录
ADNS	Advanced Digital Network System	高级数字网络系统
AFOSR	Air Force Office of Scientific Research	空军科学研究局
AFSAB	Air Force Scientific Advisory Board	空军科技咨询委员会
AIS	Automated Information Systems; Automatic Identification System	自动化信息系统；自动识别系统
AMF	Airborne, Maritime, Fixed Station	机载 (航空)、海上、固定电台
ARO	Army Research Office	陆军研究办公室
ASA(ALT)	Assistant Secretary of the Army for Acquisition, Logistics, and Technology	负责采办、后勤与技术的陆军助理部长
ASD(NII)	Assistant Secretary of Defense for Networks and Information Integration	负责网络和信息集成的助理国防部长
ASN(FM&C)	Assistant Secretary of the Navy, Financial Management and Comptroller	负责财务管理与审计的海军助理部长
ASN(RDA)	Assistant Secretary of the Navy for Research, Development and Acquisition	负责研究、开发与采办的海军助理部长

注：用于本书中的关键术语与美国政府在"国家信息安全术语表"中所提供的术语是一致的，CNSS 指定 4009，修订于 2006 年 6 月，由国家安全系统委员会发布。并且在国防部指令 8500.2 中进行规定 —— "信息安全实现"。这些文件可分别在 <http://www.cnss.gov/Assets/pdf/cnssi_4009.pdf> 中查询 (2009 年 2 月 4 日) 和 <http://www.niap-ccevs.org/cc-scheme/policy/dod/d85002p.pdf> (2009 年 2 月 4 日) 上查询。在本书中使用的任何特有的术语以及官方的非特殊地址的信息安全术语都在本书第一次使用时和附录中被定义。

ATM	Asynchronous Transfer Mode	异步传输模式
BGP	Border Gateway Protocol	边界网关协议
C&A	Certification and Accreditation	认证鉴定
C^2	Command and Control	指挥与控制
C^3I	Command, Control, Communications and Intelligence	指挥、控制、通信和情报
C^4	Command, Control, Communications and Computers	指挥、控制、通信和计算机
C^4I	Command, Control, Communications, Computers and Intelligence	指挥、控制、通信、计算机和情报
C^4ISR	Command, Control, Communications, Computers, Intelligence, Surveillance and Reconnaissance	指挥、控制、通信、计算机、情报、监视和侦察
CAC	Common Access Card	通用准入卡
CANES	Consolidated Afloat Networks and Enterprise Services	水上网络和企业服务整合
CARS	Cyber Asset Reduction and Security	网络资源缩减与安全
CCA	Clinger-Cohen Act of 1996	1996 年的 Clinger-Cohen 法案
CCE	Common Computing Environment	通用计算环境
CDL	Common Data Link	通用数据链接
CENTRIXS	Combined Enterprise Regional Information Exchange System	联合企业区域信息交换系统
CFFC	Commander of U.S. Fleet Forces Command	美国舰队司令部司令员
CI	Counterintelligence	反情报; 反间谍活动
CIO	Chief Information Officer	信息主管; 首席信息官
CJCS	Chairman of Joint Chiefs of Staff	参谋长联席会议主席
CMC	Commandant of the Marine Corps	美国海军陆战队司令
CNA	Computer Network Attack	计算机网络攻击
CNCI	Comprehensive National Cybersecurity Initiative	综合国家网络安全行动
CNCS	Centralized Net Control Station	集成式网络控制台
CND	Computer Network Defense	计算机网络防御
CNE	Computer Network Exploitation	计算机网络开发

CNO	Chief of Naval Operations	海军作战部部长；海军参谋长
COCOM	Combatant Commander	战斗指挥员、作战指挥官
COMSEC	Communications Security	通信安全
CONOPS	Concepts of Operations	作战理念
COTS	Commercial Off-The-Shelf (Includes Commercial Opensource Software)	商用现货 (包括商用开源软件)
CT	Cryptologic Technician	密码技术员
CTN	Cryptologic Technician of Networks	网络密码技术
DAA	Designated Approving Authority	指定的审批授权机关
DAR	Data at Rest	静态数据
DARPA	Defense Advanced Research Projects Agency	国防高级研究计划局
DASD(IIA)	Deputy Assistant Secretary of Defense for Information and Identity Assurance	负责信息和身份验证的国防部副助理部长
DASN	Deputy Assistant Secretary of the Navy	海军副助理部长
DASN(C⁴I/EW/Space)	Deputy Assistant Secretary of the Navy for Command, Control, Communications, Computers and Intelligence/Electronic Warfare/Space	负责指挥、控制、通信、计算机和情报/电子战/空间的海军副助理部长
DASN(IIA)	Deputy Assistant Secretary of the Navy for Information and Identity Assurance	负责信息和身份验证的海军副部长助理
DCGS	Distributed Common Ground System	分布式通用地面系统
DCIO	Deputy Chief Information Officer	信息副主管；副首席信息官
DDoS	distributed denial of Service	分布式拒绝服务
DDRE	Director of Defense Research and Engineering	美国国防研究与工程局局长
DHS	Department of Homeland Security	美国国土安全部
DIA	Defense Intelligence Agency	美国国防情报局
DIAP	Defense Information Assurance Program	国防信息安全保障计划
DIRECT	Defense Injection Reception EAM Command and Control (C^2) Terminals	国防发射/接受紧急行动信息 (EAM) 指挥与控制 (C^2) 终端
DIRNSA	Director of NSA	美国国家安全局局长
DISA	Defense Information Systems Agency	美国国防信息系统局

DISN	Defense Information Systems Network	美国国防信息系统网络
DISR	Department of Defense Information Technology Standards Registry	国防信息技术标准登记处
DNN	Director of Naval Networks	海军网络部部长
DNS	Domain Name System	域名系统
DOA CIO/G6	Department of the Army, Chief Information Officer/Assistant Chief of Staff for Information Management	陆军信息指挥官；信息管理助理参谋长
DoD	Department of Defense	美国国防部
DoE	Department of Energy	美国能源部
DoN	Department of the Navy	海军部
DRPM	Direct Reporting Program Manager	直接申报项目负责人
DSB	Defense Science Board	美国国防科学委员会
DWTS	Digital Wideband Transmission System	数字宽带传输系统
EA	Enterprise Architecture	企业架构
EAM	Emergency Action Message	紧急行动信息
EIS	Enterprise Information Systems	企业信息系统
EMI	Electromagnetic Interference	电磁干扰
EMP	Electromagnetic Pulse	电磁脉冲
EPLRS	Enhanced Position Location Reporting System	增强型定位报告系统
EW	Electronic Warfare	电子战
FNC	Future Naval Capabilities	未来海军能力
FSBS	Fixed Submarine Broadcast Site	水下固定广播站点
FTP	File Transfer Protocol	文件传输协议
FW	Firewall	防火墙
G6	Communications Electronics Division (USMC)	美国海军陆战队通信电子部
GCCS-M	Global Command and Control System-Maritime	全球海上指挥控制系统
GCS	Global Communications System	全球通信系统
GENSER	General Services	总务
GIAP	GIG Information Assurance Portfolio	全球信息栅格信息安全保障部部长
GIATF	GIG Information Assurance Technical Framework	全球信息栅格信息安全保障技术框架

GIG	Global Information Grid	全球信息栅格
GNOSC	Global Network and Operations Security Center	全球网络运行安全中心
GPS	Global Positioning System	全球定位系统
GWOT	Global War on Terrorism	全球反恐战
HBSS	Host Based Security System	基于主机的安全系统
HF	High Frequency	高频
HIDS	Host-based Intrusion Detection System	基于主机的入侵检测系统
HqMC	Headquarters of Marine Corps	海军陆战队总部
IA	Information Assurance	信息安全
IARPA	Intelligence Advanced Research Projects Activity	情报高级研究计划行动
IASM	Intelligent Agent Security Manager	智能代理安全负责人
IATF	Information Assurance Technical Framework	信息安全技术框架
IC	Intelligence Community	情报部门
IM	Instant Messaging	即时信息
IMAP	Internet Message Access Protocol	因特网信息存取协议
IO	Instructor/Operator	指导员/操作员
IP	Internet Protocol	因特网协议
IPv6	Internet Protocol version 6	因特网协议版本 6
ISNS	Integrated Shipboard Network System	舰载综合网络系统
ISO	International Organization for Standardization	国际标准化组织
ISR	Intelligence, Surveillance, and Reconnaissance	情报、监视和侦察
ISSE	Information System Security Engineering	信息系统安全工程
ISSP	Information Systems Security Program	信息系统安全计划
IT	Information Technology; Information Systems Technician	信息技术; 信息系统技术员
IT-21	IT for the 21st Century	21 世纪信息技术
JFCC-NW	Joint Functional Component Command-for Network Warfare	网络战联合功能组件命令
JMSDF	Japan Maritime Self-Defense Force	日本海上自卫队
JTF-GNO	Joint Task Force–Global Network Operations	联合特遣部队 – 全球网络运营

JTRS	Joint Tactical Radio System	联合战术无线电系统
JWICS	Joint Worldwide Intelligence Communications System	联合全球情报通信系统
LANT	Atlantic Fleet	美国太平洋舰队
MAC	Mission Assurance Category	任务保证类别
MAGTF	Marine Air-Ground Task Force	海上空－地特遣部队
MARCOR SySCOM	Marine Corps Systems Command	海军陆战队系统指挥部
MCCDC	Marine Corps Combat Development Command	海军陆战队作战发展指挥部
MCEITS	Marines Corps Enterprise IT Services	海军陆战队全局因特网服务
MCEN	Marine Corps Enterprise Network	海军陆战队全局网络
MCI	Marine Corps Installation	海军陆战队装备
MCIOC	Marine Corps Information Operation Center	海军陆战队信息操作中心
MCNOSC	Marine Corps Network Operations and Security Command	海军陆战队网络运行与安全指挥部
MDA	Maritime Domain Awareness; Milestone Decision Authority	领海感知能力；重大决策权
MHQ/MOC	Maritime Headquarters; Maritime Operations Center	海上指挥部；海上作战中心
MIDS	Multi-functional Information Distribution System	多功能信息分发系统
MILSTAR	Military Strategic and Tactical Relay (satellite)	军事战略、战术和中继站 (卫星)
MITSC	Marine Information Technology Support Center	海上信息技术支持中心
MUOS	Mobile User Objective System	移动用户目标系统
N6	Deputy Chief of Naval Operations for Communications Networks	负责通信网络的海军作战部副部长
NaIL	Naval Innovation Laboratory	海军创新实验室
NAOC	National Airborne Operations Center	国家空中作战中心
NAVAIR SYSCOM	Naval Air Systems Command	国家空中系统指挥部
NAVNETCOM	Naval Network Command	国家网络指挥部

NAVSEA	Naval Sea Systems Command	国家海上系统指挥部
NCDOC	Navy Cyber Defense Operations Command	海军网络防御作战指挥部
NCES	Net-Centric Enterprise Service	网络中心企业服务
NCIS	Naval Criminal Investigative Service	美国海军犯罪调查局
NETCOM	Network Enterprise Technology Command (Army)	网络企业技术司令部
NETOPS	Network Operations	网络操作
NETWAR	Network Warfare	网络战
NETWAR COM	Naval Network Warfare Command	海军网络战司令部
NGEN	Next Generation Enterprise Network	下一代企业网络
NIPRnet	Non-Classified Internet Protocol Router Network	非保密因特网协议路由器网络
NITSC	Naval Information Technology Support Center	海军信息技术支持中心
NMCI	Navy Marine Corps Intranet	海军/海军陆战队内部因特网
NNFE	Naval NETWAR FORCEnet Enterprise	海军网络战部队网企业
NNPP	Naval Nuclear Propulsion Program	海军核动力推进计划
NOC	Network Operations Center	网络运行中心
NPO	Network Programs Office	网络项目办公室
NRC	National Research Counsil	国家研究委员会
NRL	Naval Research Laboratory	海军研究实验室
NSA	National Security Agency	美国国家安全局
NSB	Naval Studies Board	海军研究委员会
NSF	National Science Foundation	美国国家科学基金会
NWS	Naval Warfighting Systems	海军作战系统
O&M	Operations and Maintainance	运行与维护
OACE	Open Architecture Computing Environment	开放式体系结构计算环境
OAET	Open Architecture Enterprise Team	开放式体系结构企业团队
ODAA	Operational Designated Approval Authority	操作指定的审批权限

ODASD(I&IA)	Office of the Deputy Assistant Secretary of Defense for Information and Identity Assurance	负责信息和身份保证的国防副部长办公室
ODBC	Open Database Connectivity	开放数据库连接
ONE-Net	Overseas Navy Enterprise Network	驻外海军企业网络
ONI	Office of Naval Intelligence	海军情报办公室
ONR	Office of Naval Research	海军研究办公室
OPLAN	Operations Plan	作战计划
OPNAV	Office of the Chief of Naval Operations	海军作战部部长办公室
OPNAV N1	Deputy Chief of Naval Operations (Navy Total Force)	海军作战部副部长(海军总兵力)
OPNAV N6	Deputy Chief of Naval Operations for Communications Networks	负责通信网络的海军作战部副部长
OSD	Office of the Secretary of Defense	国防部长办公室
P&R	Personnel and Readiness	人事与战备
P2P	Peer-to-Peer	点对点
PA	Performance Allocation	性能配置
PAC	Pacific Fleet	太平洋舰队
PACOM	Pacific Command	太平洋司令部
PEO C^{4}I	Program Executive Office for Command, Control, Communications, Computers and Intelligence	负责指挥、控制、通信、计算和情报的计划执行办公室
PEO IWS	Program Executive Office for Integrated Warfare Systems	负责综合作战系统的计划执行办公室
PHP	Hypertext Preprocessor	超文本预处理程序
PII	Personal Identifiable Information	个人身份信息
PKI	Public Key Infrastructure	公钥基础设施
PLA	People's Liberation Army	中国人民解放军
PM	Program Manager	项目负责人
POM	Program Objective Memorandum	规划目标备忘录
POP	Post Office Protocol; Point of Presence (USMC)	互联网电子邮件协议;存在点 (USMC)
PRC	People's Republic of China	中华人民共和国
PTST	Personnel and Training and Standing Team	人员和培训教育团队
R&D	Research and Development	研究与开发

RDDC	Rapid Development and Deployment Committee	快速开发与部署委员会
RDT&E	Research, Development, Testing and Evaluation	研究、开发、测试和评估
RNOSC	Regional Network and Operations Center	区域网络和操作中心
S&T	Science and Technology	科学与技术
SATCOM	Satellite Communications	卫星通信
SCCVI	Secure Configuration Compliance Validation Initiative	安全配置一致性验证计划
SCI	Sensitive Compartmented Information	机密分割信息
SCRI	Secure Configuration Remediation Initiative	安全配置矫正计划
SECNAV	Secretary of the Navy	海军部长
SIAO	Senior Information Assurance Official	信息安全保障高级官员
SIPRnet	Secret Internet Protocol Router Network	机密因特网协议路由网络
SMCC	Survivable Mobile Command Center	可生存的移动指挥中心
SMTP	Simple Mail Transfer Protocol	简单邮件传输协议
SOA	Service-oriented Architecture	面向服务的体系结构
SPAWAR	Space and Naval Warfare Systems	空间和海军作战系统
SPAWAR SYSCOM	Space and Naval Warfare Systems Command	空间和海军作战系统司令部
SSBN	Ballistic Missile Submarine	弹道导弹核潜艇
STEP	Standardized Tactical Entry Point (program)	标准化战术接入点(程序)
SYSCOM	Systems Command	系统指挥部; 系统命令
TA	Technical Authority	技术权威
TCP	Transmission Control Protocol	传输控制协议
TDL	Tactical Data Link	战术数据链
TDN	Tactical Data Network	战术数据网
TF	Technical Framework	技术框架
TG	Transformation Group	变换群
TOG	Technology Oversight Group	技术监督小组

TS	Top Secret	绝密
TSAT	Transformational Satellite Communications	转型卫星通信
TTPs	Tactics, Techniques and Procedures	战术、技术和指令
UCN	Urgent Capability Need	紧急功能需求
USAF	United States Air Force	美国空军
USB	Universal Serial Bus	通用串行总线
USD(AT&L)	Under Secretary of Defense for Acquisition, Technology and Logistics	负责采办、技术和后勤的国防部副部长
USMC	United States Marine Corps	美国海军陆战队
USN	United States Navy	美国海军
USSTRAT COM	United States Strategic Command	美国战略指挥部
USW DSS	Undersea Warfare Decision Support System	水下战决策支持系统
VLAN	Virtual Local Area Network	虚拟局域网
VOIP	Voice over Internet Protocol	因特网声音数字传输协议
VPN	Virtual Private Network	虚拟专用网络
VSCAN	Virus Scan	病毒扫描
WIFI	Wireless Fidelity	无线设备
XSS	Cross-site Scripting	跨站点脚本

附录 B

授权调查范围

应海军作战部部长的要求,美国国家科学院海洋研究局将对以网络为中心的海军部队的信息安全问题进行研究。具体来说,该研究将包括以下几个方面。

- 审查国防部和海军负责信息安全保障的部门,以制定政策、计划和指南,区分和确定国防部各部门和海军部内部职责的竞争和非竞争范围,以及建议任意有利于加快进程的组织改编。

- 审查由国防部和海军部进行或发起的信息安全保障相关的研究,并总结他们的主要建议和实施情况。

- 检查国防部和海军部关于信息安全保障的研究、开发和采购进程,并对进程建议使用更具灵活性和响应时间的替代方法,从而满足以网络为中心的海军部队的信息安全保障需求。

- 评估网络中心海军部队面临的潜在信息安全漏洞,搜集传递给作战部队的"最后一英里"信息,确定适当的技术和操作手段以减小其在只有美军或联军作战时的脆弱性。

- 通过实验等确定合适的方法,以应对由于缺乏信息安全保障引起的作战系统完整性的性能下降和损失,这对提高网络中心海军作战效率尤为重要。

- 根据关键的工业和商业操作,审查和推荐适用于海军部和部队网计划的信息安全保障最佳方案,建议信息安全最佳做法。

- 评估包括信息安全保障方法在内的不同信息体系结构的作用,对风险进行管理(例如,建设专门保护的"分网"来处理特别敏感、高风险信息)。

• 排除成本考虑, 建议投入分析方法, 来管理网络为中心海军部队面临的网络攻击风险, 解决可能的网络攻击产生的后果, 及减小这些攻击实际发生的可能性和基于这些风险假设的不确定性。

这 12 个月的研究将产生两份报告: ① 第二次全体委员会会议后提交的通信报告。该报告为以网络为中心的海军部队总结了海军网络战/部队网企业内开展关键的信息安全保障措施, 并建议了所有近期的信息安全保障需求, 包括海军部应该利用所有与国防相关的工作, 并保证其兼容性; ② 一份解决了职权范围所有条款的综合报告。

附录 C

委员会成员简介

Barry M. Horowitz (NAE)，委员会联合主席，弗吉尼亚大学系统工程系教授。他的研究领域包括大型网络和信息系统的设计与开发；安全技术的大规模应用，基于网络的商业系统；包含耦合私人数据系统或开放网络如因特网中关键任务支持系统的大型系统的设计。此前，他曾担任 Concept Five Technologies 的主席兼创始人，及 MITRE 公司与 Mitretek 系统的总裁兼首席执行官。他曾是国家研究委员会 (NRC) 委员会货运信息系统安全部等诸多科学委员会和咨询委员会的成员。Horowitz 博士还是美国国家工程院院士及海军研究委员会的现任成员。

Nils R. Sandell, Jr., 委员会联合主席，BAE 系统先进信息技术公司副总裁兼总经理。他的研究领域包括军事指挥、控制、通信、计算机、情报、监视和侦察 (C⁴ISR) 系统和技术。他曾任麻省理工学院 (MIT) 副教授，并讲授估计和控制理论，随机过程，以及计算机系统等课程。Sandell 博士曾是国家研究委员会 (NRC) 网路中心海军部等诸多科学委员会和咨询委员会的成员和未来海军战斗群 C⁴ISR 系统国家研究委员会联合主席。现任国家研究委员会爆破科学与技术部委员，并曾在国家研究委员会分布式与全球海上网络 ——"1000 Ship Navy"任职。

M. Brian Blake，乔治敦大学计算机科学系主任、副教授。研究领域为信息技术和计算机科学与工程，包括跨组织边界共享信息和软件功能的自动化方法的调查，有时也被称为"企业集成"。曾担任 Trident 数据系统 (现为通用动力公司) 负责情报部应用软件的设计与开发的资深计算机科学家。Blake 博士曾在洛克希德·马丁公司任务系统 (Lockheed Martin Mission Systems)，担任软件架构师，负责全球定位系统上传的基础设施重建中模块的面向对象设计。在面向服务架构领域，Black 博士还曾在国防部、司法部和情报部等部门担任专家级的系统架构师顾问。他是美国国家科学基金会计算机和信息科学与工程 (CISE) 顾问委员会的成员。

Clyde g. Chittister，卡内基–梅隆大学软件工程研究所 (SEI) 首席营运官。他有近 40 年的软件和系统工程领域的工作经验，曾担任包括 SEI 风险管理和实时系统项目创始人和项目总监等多种管理职务。Chittister 博士起初致力于实时过程控制系统设计领域，负责自动化传输和楼宇控制系统的设计、实施与维护。他是美国电气和电子工程师协会 (IEEE) 资深会员，并担任 IEEE 技术委员会软件工程部副主席和 IEEE 系统财务副总裁。Chittister 博士现当选为 IEEE 委员会主席，并在软件采购、风险管理、恐怖主义和信息技术等领域发表大量文章。

Anup K. Ghosh，乔治·梅森大学 Volgenau 信息技术与工程学校安全信息系统 (CSIS) 中心研究讲座教授和首席科学家。Ghosh 博士研究领域包括软件安全、操作系统安全、网络安全和恶意代码。现为多学科大学研究计划主要研究者，旨在检测整个企业范围内的服务器和客户端工作站攻击、损坏和故障。Ghosh 博士入职乔治·梅森大学前，曾在美国国防高级研究计划局高级技术办公室担任资深科学家和项目主管，主要负责国防部信息安全保障和信息作战方案大范围产品组合。

Raymond Haller，国防部指挥、控制、通信和情报 (C^3I) 联邦政府资助的研究与发展中心 (FFRDC) 高级副总裁兼董事，主要负责运营和赞助商的关系，并推进中心的信息系统技术的总体战略。此前，Haller 博士曾任 DOD C^3I FFRDC 指挥和控制中心高级副总裁，主要负责集成、合作伙伴、以及包括联合 C^3I 活动识别、启动和执行等军事能力转型。1977 年，Haller 博士加入 MITRE，他曾在多个岗位上任职，并在帮助政府掌握技术可行性范围，平衡任务成本需求和技术可行性方面表现出了出众的能力。

Richard J. Ivanetich，2003 年任国防分析研究院 (IDA) 研究员。Ivanetich 博士研究领域广泛，包括防御系统、技术和运营分析，主要涉及计算机和信息系统、指挥与控制系统和程序，建模与仿真系统和力量、风险管理和战略核力量。lvanetich 博士之前曾任计算机和软件工程事业部部长的总监系统评价司副主任。1975 年曾任哈佛大学物理系助教。他曾在许多科学委员会和咨询委员会任职，如美国战略司令部战略咨询小组的网络和 C^2 小组，为 DARPA 信息科学与技术研究组成员和海军研究委员会成员; 2003 年, Ivanetich 博士当选美国科学院院士。

John W. Lindquist, EWA 信息和基础设施技术公司总裁兼首席执行官。EWA 信息和基础设施技术公司主要向政府和商业部门提供信息安全和信息系统安全工程服务。他同时还兼任非营利系统安全工程组织 —— 国际系统安全工程协会主席。Lindquist 博士曾在多个科学委员会和咨询委员会任职, 其中包括信息技术部门协调委员会发起人及其计划工作组联合主席。目前, 他是国土安全部关键基础设施保护咨询委员会、负责制定和实施国家基础设施保护计划和支持 IT 部门安全计划小组成员。

Mark W. Maier, 航空航天公司系统架构师和工程师。研究领域包括系统架构、雷达信号处理、数据压缩、微卫星和计算机网络。在航空航天公司, Maier 博士负责系统架构设计中企业认证项目的研发与教学工作。Maier 博士曾任阿拉巴马汉茨维尔大学 (UAH) 电气和计算机工程系助理教授和副教授, 他在 UAH 微卫星方面工作的经历为其开展耐辐射计算机系统设计奠定了基础。进入 UAH 之前, 他曾在在休斯飞机公司任工程师和经理, Maier 博士此时提出的基于软件的电子战信号分析目前已广泛应用于生产系统中。

Richard W. Mayo, VADM, USN (Ret.), CACI 国际公司负责网络和企业服务的执行副总裁。在海军服役 35 年, 于 2004 年退休, 期间曾任海军网络战司令部的第一任指挥官, 主要负责增强作战人员支持的海军网络的实施与保障。此前, MAYO 上将还曾任空间、信息战、指挥和控制局 (N6) 局长和美驻韩海军司令。1993 年至 1995 年, 任参谋长联席会议 C^4 系统部副部长助理。

Ann K. Miller, 密苏里科技大学计算机工程系辛西娅·唐密苏里特聘教授。她的研究领域包括信息安全保障, 重点是计算机和网络安全; 计算机工程, 重点是大型系统工程、卫星通信和实时软件。曾任负责研究、开发和采办 (C^4I、电子战、空间) 的海军副部长助理、海军首席信息官和国防部研究与工程信息技术局局长。Miller 博士还曾担任全球反恐战海军力量 NRC 委员会委员。

Daniel M. Schutzer, 金融服务技术联盟 (FSTC) 执行董事。金融服务技术联盟由银行、金融服务供应商、国家实验室和大学等财团组成, 旨在解决战略性的业务和技术问题, 包括金融业的安全和信息安全保障。加盟 FSTC 之前, Schutzer 博士曾是花旗集团董事和高级副总裁, 负责零售贸易业务和企业技术安全, 还曾任美国海军情报局和海军指挥、控制和通信局技术负责人以及在斯佩里兰德，贝尔实验室和 IBM 任职。Schutzer 博士发表了超过 65 篇论文和 7 本著作。现任银行业科技部门 (BITS) 顾问委员会委员和纽约科学院研究员。曾是关键信息基础设施保护法 NRC 委员会委员。

Ralph D. Semmel，约翰·霍普金斯大学应用信息科学系和应用物理实验室 (JHU/APL) Infocentric 运营商务区负责人。研究领域包括数据库系统、人工智能和系统工程。此前，他曾在 JHU/APL 的研究和技术开发中心副主任以及信息中心运营和科技商务区主管，在此期间，Semmel 博士建立了并引导全球信息网络、智能系统、信息作战和信息安全战略举措。Semmel 博士还曾在约翰·霍普金斯大学计算机科学和信息安全专业执教毕业设计。

Robert M. Shea,Ltgen, USMC (Ret.)，Smartronix 战略顾问。Smartronix 是一家为军事和商业运营提供支持的网络和系统管理公司。在美国海军陆战队服役 36 年，于 2007 年退休，期间曾任国防部参谋长联席会议 C⁴ 系统部部长和参谋长联席会议主席 C⁴ 事务首席顾问。此前，Shea 将军曾担任驻日美军副司令、计算机网络防御联合特遣队海上司令部司令、海军陆战队指挥和控制系统学校校长、第 9 通信大队司令、海军陆战队远征部队司令及沙漠盾牌和沙漠风暴司令部司令。

John P. Stenbit (NAE)，独立顾问，专业领域包括复杂军事和通信系统系统架构和信息系统工程。Stenbit 博士曾任国防部负责网络和信息集成的副部长助理和首席信息官。进入国防部之前，曾任 TRW 公司执行副总裁。Stenbit 博士曾在多个科学委员会和咨询委员会任职，如曾是 NRC 委员会软件密集型系统生产力推广部成员。现为美国工程院院士和海军研究委员会委员。

Salvatore J. Stolfo，美国哥伦比亚大学计算机科学系教授。他于 1979 年在纽约大学柯朗研究所获得博士学位，然后赴哥伦比亚大学任教至今。目前，他已在并行计算、基于知识的人工智能系统、数据挖掘、计算机安全与入侵和异常检测系统等领域的发表多篇科学论文。近期研究方向主要为分布式数据挖掘系统的应用和以网络信息系统的欺诈和入侵检测。已在并行计算和数据库推断、互联网隐私、入侵检测和计算机安全领域获得多项专利。Stolfo 博士曾担任哥伦比亚大学计算机科学系主任和先进技术中心主任。他最近联合其他几个研究组主持数据挖掘、入侵检测和数字管理等几个项目。现为一家专业网络防御私人组织董事会成员和财务主管。最近,他参加了基于 DARPA 创新空间雷达天线技术的研究,并任 DARPA 期货交易板块信息处理技术办公室主任顾问。

Edward B. Talbot,自 2006 年以来,任美国桑迪亚国家实验室 (SNL) 计算机和网络安全部主管,研究领域包括网络安全运营 (有线和无线) 和网络架构需求。Talbot 博士主要负责管理网络卫士程序中心。此前,他是加利福尼亚州的武器系统工程中心的高级系统部经理,提出了核威慑武器系统理论和实施策略。同时,在 SNL, Talbot 博士仍负责制定和实施核系统安全及当前和未来的核武库的安全性增强领域的工作。

David A. Whelan (NAE),波音公司高级系统副总裁兼副总经理和综合防御系统首席科学家,研究领域包括国防研究、导航和计时系统的开发、自主飞行器和基于空间的移动目标指示雷达系统。在加入波音公司前,他曾在 DARPA 担任战术技术办公室主任。他拥有丰富的技术开发经验,包括担任休斯飞机公司的雷达系统集团项目经理雷达休斯飞机公司,劳伦斯 · 利弗莫尔国家实验室研究物理学家和诺斯罗普 · 格鲁曼公司 B-2A 低含量铅可观测设计工程师。Whelan 博士在许多科学委员会和咨询委员会任职,其中包括国防科学委员会、空军科学顾问委员会,以及 NRC 委员会负责研究、开发和采办的特种作战司令部 (SOCOM)。Whelan 博士现为 HRL 实验室董事会成员和美国工程院院士,并担任海军研究委员会副主席。

附录 D

近期海军作战和国防部相关信息安全报告概述

以网络中心的海军部队信息安全委员会根据近年来按海军部要求进行的信息安全研究提供了一份概要简报。[①] 下面是近期相关报告的总结。[②]

2007 年度报告

海军网络防御作战司令部 (NCDOC) 普罗米修斯数据库概述

作者: C.A. Davis and B. Behrens

摘要:该文件收录了海军网络防御作战司令部 (NCDOC) 当前收集的用于入侵检测和取证分析的数据。该报告提供了背景材料以供将来参考。它记录了数据的来源及收集、处理和最终存储到 NCDOC 普罗米修斯数据库的方法。

信息安全在计算机网络防御中的使用

作者: S.W. young and C.A. Davis

摘要:国防部定义了计算机网络防御 (CND) 的任务:"采取行动以保护、监控、分析、检测,并在国防部的信息系统和计算机网络中对非法活动做出回应。" 为支持这一使命,海军网络战司令部 (NETWARCOM) 起草了一个 CND 行动概念 (CONOPS)。CONOPS 勾画出 CND 的六步进程。作为海军的 CND 服务提供商,海军网络防御作战司令部 (NCDOC) 通过自身的操作流程和相应配套技术在海军内部网络上实施了 CND 过程。

飞地网络安全信息管理

作者: R. Mcquaid

摘要: 美国空军企业包含的网络是有限带宽、间歇性连接和/或内部约束飞地。这些受限网络环境不支持商业安全信息管理 (SIM) 供给和传感器。近期的威胁活动迫切需要一个信息安全解决方案, 为这些飞地网络提供持续的以 SIM 为中心的监管。这项研究将通过对商业产品进行寻址限制, 改善当前空军内部 SIM 部署。它会影响商业 SIM 供应商和空军 SIM 策略。通过为网络提供一个不能从集成 SIM 中获益的 IA 监测, 这项研究将为边缘空军企业增强 SIM 技术力量。

恶意软件的进化

作者: P. Chase and D. Beck

摘要: 恶意软件威胁的性质已经从仅以扬名的恶作剧为目的的大规模爆发演变成为了大量的受经济利益驱使而进行的针对性攻击。在这种环境下, 对最终用户、研究人员、调查人员和安全工具供应商而言, 为提高检测、保护和响应效率, 了解恶意软件家族及其变种之间的区别显得非常关键。了解恶意软件威胁的进化关系, 可以为最终用户提供更好的预测和保护。这可能意味着通过恶意软件分析师和犯罪调查, 归属可以引导和促进先前分析的重用。它可以为安全供应商提供一个更加严格的基础模块命名恶意软件, 因此可以减少恶意软件爆发造成的混乱和改善安全工具间的关联。

跨界信息共享

作者: L. Notargiacomo

摘要: CIIS 跨境信息共享 (XBIS) 活动是 MITRE 公司为解决智能社区、国防部和其他 MITRE 赞助商面临的关键信息共享问题, 而进行的一系列相互协调的活动。目前, 这一活动重点在于开发一个综合技术实验室, 来定义和实现促成和阻碍有效的信息共享的关键方案。XBIS 实验室整合了不同的加强跨组织信息共享和安全边界的分类的技术。为了证明这些技术的能力, 实验室提供了模拟许多领域及在它们之间共享信息的能力。该实验室的架构同时支持整合方案和独立的示例, 为展示现在及不久的将来可行的解决方案提供便利。

海军/国防部长办公室对国防部 C³I 采办政策和武器计划的协同调查

作者: D. Gonzales, E. Landree, J. Hollywood, S. Berner, and C. Wong

摘要: 该简报回顾了目前国防部确保指挥、控制、通信、情报 (C³I) 和武器系统的互联互通和信息安全保障而实施的政策, 包括 DoD 的互操作性、信息安全、采办和联合要求政策。这次审查确定了国防部政策中的歧义、冲突、重复和不足, 并提出合适的解决方案澄清政策和弥补其他不足之处。作者发现, 互操作性相关的政策近几年大幅上升, 且政策间存在冲突和冗余。他们还发现, 由于网络和软件技术的不断进步和变化, 全球信息网格技术指导依然在进化。作者建议减少政策的数量, 同时增加它们的可诉性和可追溯性。他们还建议为 GIG 功能区域制定技术风险等级, 并用以追踪 GIG 项目, 以及以网络为中心的实施文档更细致地定义核心 GIG 企业服务的能力和具体说明 GIG 计划互操作性必须遵守的技术标准。

2006 年度报告
报警类型和传感器位置: 对计算机网络防御运行的影响

作者: S.W. Young

摘要: 在不久的将来, 实时计算机网络防御 (CND) 将成为军事行动的不可或缺的部分。因为海军越来越依赖于信息技术进行大量数据的快速移动, 必须保护信息不被泄露, 尤其面对已知的信息作战能力与同行竞争对手。为了保持计划和行动的保密性, 海军需要一个实时的入侵检测能力, 来防止如计划和后勤或关键信息资产的拒绝使用等未过滤敏感信息的持续攻击。然而, 目前海军大多数 CND 都是基于非实时的。

海军企业信息化评估指南

作者: J.C. Fauntleroy, L.H. Beard, D.A. Birchler, and L.L. Harle

摘要: 逐渐地, 在网络中心战的可视化范围内, 企业网络及其能力成为海军在战争和商业功能方面实现更好协调和更高效率的关键因素。为了实现这些信息技术和网络相关的功能和效率, 必须扩大企业信息技术 (EIT) 能力来满足海军更大的需求。鉴于海军的其他资金关注, 其必须价格实惠; 并且由于新技术的快速发展和广泛应用, 其必须具有较强的适应性。众所周知,正确估算投资回报率非常困难,因此在功能任务航线,IT 和 EIT 的评价和评估极富挑战性。EIT 评估方面,航线缺乏可视性。我们在评估海军 EIT 投资方面面临的挑战和责任由为更好的管理和使用 ETI 资产而成立的新组织 – 海军作战信息技术部的副部长 (ACNO-IT) 负责。虽然,很多海军 EIT 的制定仍由功能管理区域经理负责,海军 ACNO-IT 的成立即是为了实现企业范围内的能力和资源配置的责任转移。

军事网络内部恶意攻击的检测

作者: M. Maybury

摘要: 我们知道,网络的强弱取决于它最弱的一环,网络中心战最大的弱点就是来自其内部的威胁。本报告总结了近期 MITRE 公司针对描述和自动检测现代信息系统内部恶意攻击人员 (MIS) 所做的一些工作。内部恶意攻击人员通过一系列活动泄露信息机密性、完整性和/或可用性对组织任务产生不利影响。他们较强的组织知识、不同范围的滥用职权及利用合法访问的能力, 使得他们的检测极具挑战性。执行 MI 检测时,关键的平衡会被打破。检测精度必须权衡最小检测时间, 合计不同的审计数据必须和需要保护不被滥用的数据保持平衡。MITRE 的 MI 研究获得的主要经验包括了解用户活动范围的需求、建立正常行为模型的需求、减少恶意行为检测时间的需求、非网络可见值和现实世界的数据收集对评估可能的解决方案的重要性。

Honeyclients 在对新攻击检测和响应中的应用

作者: K. Wang

摘要: 针对客户端应用程序漏洞的开发对现今网络的威胁日益增大。传统的部署检测技术如 "蜜罐技术" 和 "入侵检测系统" 可用于服务器端攻击检测,但是对客户端攻击检测不是太有效。目前, 尚没有一种积极有效的客户端攻击检测技术。应用 Honeyclient 技术可以使系统获得主动检测户外客户端开发的能力。该项目将开发一个基线 honeyclient 能力和运行 honeyclient 安装持续成本的文档,从而决策 honeyclient 技术作为安全防范意识策略的一个重要组成部分,如何更好的应用它。

运营企业网络中基于图形的蠕虫检测

作者: D. Ellis, J. Aiken, A. McLeod, D. Keppler, and P. Amman

摘要: 蠕虫防御集团面临的最有意义的公开挑战是开发一个具有高敏感度的检测方法,可以实时检测新蠕虫,并保持较低的错误报警率。本报告提出了一种基于图标的检测系统并用运营企业网络数据进行验证。作者认为,结果表明,与其他已出版的工作相比,本方法更明显接近于解决面临的挑战。

作者指出,基于图表的企业网络蠕虫检测方法,其检测范围包括广泛的活跃的蠕虫病毒,且每天的误报率不高于两次。在一个实际企业网络中运行检测算法进行支持分析,灵敏度明显优于文献中的结果。作者可以检测出所有活动的、迅速蔓延单峰蠕虫病毒,包括名单、拓扑、子网扫描和元服务器蠕虫病毒。

2005 年度报告
信息技术防御、开发和攻击研究: 确定信息战海事关键 IT 领域技术

作者: S.C. Karppi and H. Elitzur

摘要: 应海军作战 N702 部长办公室要求,海军分析中心 (CNA) 进行了一项识别关键的未来美国海军和敌方海基/滨海信息技术的研究。如果这些信息技术被利用或攻击,在某些情况下可能明显改变海军的能力来完成它的海上力量 21(SP21) 任务。作者把那些重要的美国海军和对手的技术称为信息作战 (IO) 的海事信息技术领域。这些技术是海军为有效地执行其 SP21 任务应该构建和维护的 IO 专业技术。

计算机网络防御较为重要的指标

作者: D.P. Shea and S.W. Young

摘要: 开发并实施一套可用于计算机网络防御 (CND) 实用且有用的指标是我们面临的严峻挑战。具有相关的服务器、路由器、入侵检测系统 (IDSs)、防火墙等的计算机网络每天会产生大量的数据,这些数据可能一起构成了指标。同样,红队评估和练习的结果和符合国防部 CND 政策的调查提供了附加的输入指标。我们所面临的挑战是通过指标可以做出什么样的决策,选择一组变量来跟踪,决定如何收集和处理

数据,最后解释指标输出并且将这些转化为可操作的步骤来阻止网络攻击或缩小安全技术差距。

全球网络栅格和网络安全的一些初步想法面临的威胁

作者: A. Hjelmfelt and A.R. Baldwin

摘要:本文回顾了海军信息系统面临的潜在威胁、计算机和网络事件的实时报告和减少风险所需的信息安全保障实践的类型。

海军计算机网络防御投资: 基本组成

作者: S.W. Young

摘要:海军作战 N71 部长办公室请求海军分析中心来帮助支持开发计算机网络防御的投资策略。计算机网络防御是信息系统安全计划 (ISSP) 的一部分,ISSP 由负责指挥、控制、通信、计算机和情报和空间/PMW 160 IA 项目的执行办公室管理,并由 OPNAV N71 资助。这个提要式简报提出了一些顶级技术投资的建议和相关的培训项目和支持 CND 综合战略的政策需求。在检验科技过程中,作者使用技术 "有效性" 和 "成熟度" 两项技术指标来确定哪些能成功地执行预定任务。这里,"成熟度" 是指安全社区对新兴技术的理解和应用的经验水平。"有效性" 则是用于评估技术执行预定任务的效果。作者进行这个分析的一个基本假设是因特网协议 6 (IPv6) 和因特网协议安全 (IPSec) 由国防部作为目前计划实施。该计划 2008 财政年度开始推出。简报的安全技术建议符合这些改进功能。

2004 年度报告
聘任理事会: 公司管理和信息安全

作者: A. Anhal, S. Daman, K. O'Brien, and A. Rathmell

摘要:此次报告由信息安全咨询委员会资助并展开,该报告分析了公司管理和信息安全之间的关系,并研究了改革公司治理环境时,可以嵌入到企业风险管理流程中的信息安全的方式。目前,企业管理要求有效的风险管理,但是董事会的意识尚未落实到实际的有效控制中。本研究总结了信息安全可以嵌入到企业风险管理实践的方法,以及如何激励企业采取良好的措施。

2003 年度报告
漏洞和缓解方法评估

作者: P. Anton, R. Anderson, R. Mesic, and M. Scheiern

摘要: 了解一个组织对信息系统的依赖以及如何减少系统漏洞是一个令人生畏的挑战 —— 尤其是面对知之甚少的弱点甚至是未被利用的未知漏洞时。在了解了新类型的信息安全所带来的风险基础上, 基于先前 RAND 消除技术, 作者引入了漏洞评估和消除 (VAM) 方法。该六步程序在消除目前和过去的威胁和弱点的同时, 使用自上向下的方法来防止未来的威胁和系统故障。作者通过这一进程引导评价者对物理、网络、人力/社会和基础设施单元系统中的漏洞进行分类, 确定哪些安全技术与这些漏洞相关。作者还使用 VAM 将信息分解成五个攻击或失效的基本部分: 知识、访问、目标漏洞、无惩罚和评估。另外, 作者还讨论了一种以 Excel 电子表格实现的新的自动化工具, 这个工具极大地简化了使用方法, 加强了警告、风险和障碍分析。

注释

① 在其研究过程中, 委员会接收 (并讨论) 材料不需发布在 5 U.S.C. 552(b) 中。

② 2008年4月28日, 海军研究科学办公室顾问 Michael McBeth 给委员会提供改编信息, 海军网络战司令部, 诺福克, 弗吉尼亚州。

附录 E
海军信息安全体系结构注意事项

海军目标企业架构需求

正如 2008 年的海上战略中所述,[①] 海军将提供区域集中、可靠的战斗力以及全球分布任务定制式海上力量。其中一些任务包含海军长期的任务,如军力延伸和威慑,而另一些任务则是全球化和美国在世界上的角色的产物,如人道主义援助和救灾。诸如领海感知能力 (MDA) 等一些新任务,需要不同的政府机构、国际合作伙伴和企业之间的协调。[②]

由于任务的多样性和动态特性,支持这些目标是十分复杂的。就这些任务而言,指挥、控制、通信、计算机、情报、监视和侦察能力都是非常重要的,且以网络为中心的能力也是所有节点促进军力信息优势的保障。这个概念是 FORCEnet 的一部分。FORCEnet 是 "信息时代海战中作战结构和体系框架,将作战人员、传感器、指挥和控制、平台和武器集成为一种网络化、分布式的作战部队"。[③] FORCEnet 必须能够支持的网络功能还包括大范围的新的超宽带可视化应用程序为应对敌对行动提供强有力的保护。遗憾的是,典型舰载网络的平均年龄接近 7 年,一些旧的甚至已达 12 年,但在产业运营周期为 4 年。[④] 海军也有几个主要的里程碑,例如引入面向服务的体系结构 (加强水上网络和企业服务 (CANES)),开放式结构的计算基础设施,[⑤] 海军和海军陆战队内部网的改进,新一代企业网络 (NMCI) 和新的卫星通信能力。由于其高成本和海军作战的临界性,所有这些都需要谨慎的开发和服务采办策略。

企业架构 (EA) 提供了海军企业内管理变更和复杂性的纪律,尤其是预算约束。因为建筑构件允许决策者迅速推进,掌握信息技术状态,以及进展过程, 所以 EA 正是真正敏捷的海军所需要的。如果没有完全接受和平衡企业架构, 企业的一部分快速行动可能对另一部分是有害的。企业架构的另一个极其重要的作用是缩小作战任务和 IT 实现之间的差距。正如房子图纸应该抓住和反映房屋主人在房屋内的操作意图, 体系结构的构件应遵从用户操作概念 (CONOPS), 应抓住和反映用户的能力需求, 以及应给所有者 (资金来源) 反馈描述应建设什么 IT 功能来满足任务需求。如果没有 EA 的 "桥接", 资金可能会被浪费在冗余或无关的 IT 功能上。

企业架构是应用全面、严格的方法来描述一个组织流程、信息系统、人事和组织分部当前和/或未来的结构和行为, 以使他们配合组织的核心目标和战略方向的实践。虽然与信息技术严格相关, EA 是涉及更为广泛的任务优化实践, 它解决了企业使命架构、性能管理和流程架构等问题。

EA 是一个基于企业战略、需求能力、指导方针和外部影响来促使企业从当前状态进化为理想的最终状态的结构化计划。以此定义每个阶段:

● 该结构是逻辑上的组织成规或体系分解, 结果清楚地表明, 所有的企业组成都适用于 EA。

● 该计划是企业除过渡路线图或收购计划之外的一套蓝图。如果能与详细蓝图相一致, 也是有益的。基于辅助领导层进行决策的详细蓝图, 有一系列相应的高水平工件 (如建筑行业的平面图和立体图)。

● 当前状态是 "as is" 架构或者迁移起点的基准配置。没有起点就无法绘制出线路图。

● 理想的最终状态是 "to be" 或目标、体系。

● 企业战略通常由企业领导建立, 是企业的使命、愿景、目标和目的。

● 需求能力是指由企业运营部确定并列入优先的 as-is 体系结构中的不足或差距。

● 指导原则是指用于推进体系的取舍和决定的企业宗旨。

● 外界影响是指体系架构推动力, 如标准、技术改进和企业运营环境等。

海军信息安全保障体系的发展现状

海军网可以描述为具有多层次、一个核心网络以及多种类型的分配和存取层的网络, 有时也被称为边缘网络。其核心在于光纤连接, 它允许在美国大陆和特定的固定区域如军事基地进行操作。海军需要核心网络以外的通信能力以应对全球冲突,因此海军部队很大程度上,尤其在保护 (极高频) 方面,依赖于卫星通信 (SATCOM),来保证当前的低速率信息可用性,及保证由已部署的转型卫星通信系统提供的兆级连接性。这种能力通过宽带 (超高频)、窄带 (特高频) 和商业卫星通信实现增广;但是这些系统很容易被相对简单的设备堵塞,因此依赖于其保证连接性。海军针对 SATCOM 的方法不是烟囱式的,它包括集成单元高级数字网络系统,这增加了在卫星通信链路的顶层的基本的网络功能。[6]

多样性的相似度用于支持战术和战略通信的地面无线通信中。这些任务反映了如远海海军战斗群和近海作战船舶,以及美国海军陆战队 (USMC) 两栖和地面部队作战环境。海军在核力量方面也有着十分重要的作用,此体系必须支持低速率、极高完整性信息的传输。海军弹道导弹核潜艇的战略通信通常是通过遍布全球的低频和甚低频发射器组成的网络来实现的。

海军体系结构的服务、应用和计算部分也是比较复杂的、动态的 (如 NMCI 迁移至 NGEN)。海军部建立了海军开放式体系结构倡议,以将焦点从平台中心战系统采集和开发方法转移至围绕战斗力量的综合方法上。[7][8] 此外,海军重点将面向服务的体系结构作为一个重要的开放式架构技术的发展趋势。[9] 一些主要挑战是伴随着海军实现面向服务的体系结构 (SOA) 的开发和部署产生的,而不仅仅是知道 SOA 是海军的业务和武器系统的信息交换正确的做法的时候。一些武器和作战系统可能有延迟和数据处理量的要求,这需要紧密结合、实时、分布式应用程序和计算组件,这些特点基于 SOA 的设计原则可能很难实现。然而,SOA 配置控制的潜在严谨性在这样的条件下,对确保信息的可用性和完整性是非常有效的;另外,处理能力越来越快,足以克服 SOA 的低效率。

CANES 行动是近 10 年前建立的 IT-21 行动的改进。由 N6 领导、海军网络战部队网 (NNFE) 企业成员联合开发的 CANES 行动的总体目标和 IT21 行动相同,即建立海军的海上重要组成部分 (包括海上指挥部和海上作战中心) 保障灵活、快速部署 IT 基础设施及经济有效的 C⁴ISR 系统和应用程序。特定域 (即,空、天、地下、地面和 C⁴I) 相关的海军组织和计划已开始努力探索在 SOA 影响因素和部署关键作战应用的可行性。[10]

海军的企业版本[11] 及其在计划层面的详细架构值得称赞。现在,他们必须确保他们的具体目标、终端到终端的体系结构被修改为包括确保信息的可用性和完整性必要的属性, 然后将这些具体目标提炼、传达并使其被广泛接受, 并按计划实施。另外, 必须保持当前状态到预期的最终状态的融合和过渡。

从 IA 的角度来看, 企业架构必须保证海军力量紧跟国防部如对 Web 服务的移动等计算的新趋势, 并整合处理趋势相关威胁的信息安全保障机制。相对于目标企业架构实现的状态, 在开发过程中及开发后期, 将 IA "栓固" 至海军系统, 而不是在系统开始时 "建立" IA, 似乎是一个持续的问题。这个问题由于快速反应能力的发展和从操作的当前战区的迫切要求而加剧。

有了为海军企业体系架构设置的一系列 IA 原则的全面指导, 允许 IA 开发人员创建可以更容易和快速地集成到海军系统的解决方案。因此, 影响海军 IA 架构的相关 IA 技术的谨慎、有针对性和及时成立是一个重要的优先事项。

表 E.1 简单地把已选择的新兴 IA 技术, 作为相关数据的每一个主要状态: 在运输中、在休息和在进程中。其他类别涵盖跨越这些领域技术和问题。海军部队也应寻求由美国国防部广泛开发的杠杆测试和评估能力 (例如, 美国国防高级研究计划局的国家网络靶场), 来评估的体系实施及新功能、技术和系统的鲁棒性。

表 E.1　数据主要状态相关的信息安全保障技术精选

技术	讨论
关于传输中的数据	
HAIPE	高可靠性因特网协议加密机 (HAIPE) 标准不断发展进化, 有助于保护在潜在的不可信网络中的传输。HAIPEs 是美国国家安全局 (NSA) 批准的 1 型 "在线" 网络加密设备, 主要保护单个设备乃至整个飞地的流量。设计师可以利用 HAIPE 为公用主干网络上的每个通道域进行加密。需要追踪的问题包括 Internet 协议版本 6 的兼容性、HAIPE 3.0 发布和由受信任平台托管软件的 HAIPE 未来可能性
OTNK	过度的网络键控 (OTNK) 是一种用于建立基于网络协商的加密密钥, 而不是基于 "频带外" 技术 (如人类信使) 的方法。商业信息安全保障 (IA) 协议 (如 IPSec、SSL、XMKSc) 早就采用 OTNK 技术, 但是 1 型密钥 OTNK 美国国防部新兴的计算领域。密钥管理基础设施与 HAIPE 中 OTNK 的耦合是监测的一个重要发展

(续)

技术	讨论
WS-安全; WS-策略	Web 服务 (WS)- 安全是一种万维网联盟规范, 通过可扩展标记语言 (XML) 的签名和 XML 加密 (见下文) 保护 Web 服务消息。WS-策略表示 Web 服务之间的安全要求
远程认证	可信任计算组 (TCG) 正在开发与远程认证相关的标准 (如可信网络连接协议)。远程认证协议有助于双方验证预约远程主机的完整性。认证区域反过来又依赖于对报告结果的信任度, 如可信平台模块等技术有助于信任的建立
应用防火墙	防火墙是防御的第一道防线, 阻止从外部访问内部资产。应用级防火墙的出现, 可以作为兄弟网络间的相互补充, 有助于保护关键的经常打开以允许 Web 流通过的通信路径 (例如端口 80)。Web 服务防火墙 d 是此类防火墙的一个重要的子类别
关于静态数据	
域加密	正如 HAIPE 允许通过网络连接对特定域的加密等规范, 静态数据也需要相似的功能。许多供应商正在与美国国家安全局合作开发这个领域的支撑技术
门限方案	门限方案是同时提供数据保密性和可用性的加密方法。与域加密联用, 尤其是连接性和生存性非常关键的战术环境中, 他们可以提供鲁棒极的吸引力
关于进程中的数据	
虚拟化	虚拟化自 20 世纪 60 年代就已开始使用, 然而, 最近 IA 致力于允许多个独立的域存在于同一个物理平台的虚拟化。这种虚拟化的信任是部分基于底层硬件的信任
TPMs, TXT	监测的一个重要趋势是在大规模生产平台中基于硬件的安全原语可用性的提高。TCG 的可信平台模块和英特尔可信执行技术 (TXT) 不断涌现
HBSS	多年来, 由于国防部广泛依赖于商业操作系统, 已受到密集攻击。为应对这些攻击, 国防信息系统局选择了迈克菲的 e 政策调整的工具套件作为其基于主机的安全服务 (HBSS) 计划的一部分提供一系列保障。HBSS 最终将被部署在整个 DOD, 因此, 海军需要保持其系统与 HBSS 套件兼容
RAdAC	访问控制是一个从如访问控制列表等相对静态的方式演变为功能更强、基于通用规则的 IA 区域。风险自适应的访问控制 (RAdAC) 的建立是为了实现访问控制更加动态化的愿景

(续)

技术	讨论
Web 服务	基于 XML 的 Web 服务被看作是在构建跨 IT 和 IA 的许多领域的分布式系统的一个重要趋势。突出的 Web 服务安全标准的例子包括保证 XML 数据级别的安全性的 XML 加密和 XML 签名,表达安全断言的安全断言标记语言 (SAML) (例如,断言认证事件、属性和访问决策) 和用于分布式访问控制的可扩展访问控制标记语言 (XACML)
策略	当新的 IA 技术纳入国防部的 IT 系统时,认证和鉴定 (C&A) 是一个始终存在的问题。一个关键问题是,与系统的重复评估相关,也可能是因为所用技术的改进或系统使用范围的改变引起的成本和时间问题。美国国家标准与技术研究所目前正致力于简化和规范整个国防部和情报局的评估过程。此外,随着新技术的成熟,当前的高级策略将不得不重新审视并有可能修改
责任	国防部的 IT 系统已变得如此错综复杂,并且依赖于商用现货技术,已经超出了他们的自信地承诺保护的集体能力。一个开放的研究问题是扩展到当前的复杂系统的测量保证技术的发展。由于缺乏这样的技术,要帮助调查人员开展事后的受损评估,包括重要的安全事件等法庭证据的安全收集是非常关键的。但是,如何有效地处理大量的事件是我们所面临的一个重要挑战。在这方面,审计日志还原工具可以提供帮助; 他们还可以帮助验证重要的服务是否正在使用并正常运行

注: 1. Committee on National Security Systems (CNSS). 2007. *National Policy Governing the Use of High Assurance Internet Protocol Encryptor (HAIPE) Products,* CNSS Policy No. 19, National Security Agency, Ft. Meade, Md., February.

2. *The Transport Layer Security (TLS) Protocol Version 1.1,* 2006, April. Available at <http://www.ietf.org/rfc/rfc4346.txt>. Accessed August 22, 2008.

3. World Wide Web Consortium (W3C). 2005. *XML Key Management Specification (XKMS 2.0),* June 28, 2005. (W3C comprises Massachusetts Institute of Technology, United States; ERCIM [European Research Consortium for Informatics and Mathematics] consisting of 20 countries; and Keio University, Japan). Available at <http://www.w3.org/TR/2005/REC-xkms2-20050628>. Accessed August 22, 2008.

4. Karen Scarfone and Paul Hoffman, Computer Security Division. 2008. *Guidelines on Firewalls and Firewall Policy,* Special Publication 800-41, Revision 1 (Draft), Information Technology Laboratory, National Institute of Standards and Technology, Gaithersburg, Md., July. Available at <http://csrc.nist.gov/publications/drafts/800-41-Rev1/Draft-SP800-41rev1.pdf>. Accessed April 30, 2009.

5. Alfred J. Menezes, Paul C. van Oorschot, and Scott A. Vanstone. 1996 (1st ed.), 2001 (5th ed.). *Handbook of Applied Cryptography,* Section 12.7.2., CRC Press, New york.

(续)

6. Defense Information Systems Agency. 2009. "Host Based Security System (HBSS) Fact Sheet," Department of Defense, Washington, D.C. Available at <http://www.disa. mil/news/pressresources/factsheets/hbss.html>. Accessed August 22, 2008.

7. Gary Machon, National Information Assurance Research Laboratory (NIARL). 2007. "A Mechanism for Risk Adaptive Access Control (RAdAC)," National Security Agency, Ft. Meade, Md., March 14. Available at <www.nsa.gov/SeLinux/papers/ radac07.pdf>. Accessed August 22, 2008.

8. Anoop Singhal, Theodore Winograd, and Karen Scarfone. 2007. *Guide to Web Services Security,* NIST Special Publication 800-95, Computer Security Division, Information Technology Laboratory, National Institute of Standards and Technology, Gaithersburg, Md., August. Available at <http://csrc.nist.gov/publications/nistpubs/ 800-95/SP800-95.pdf>. Accessed August 22, 2008.

9. Eustace King. 2008. "Transforming IA Certification and Accreditation Across the National Security Community," *Crosstalk: The Journal of Defense Software Engineering,* July. Available at <http://www.stsc.hill.af.mil/crosstalk/2008/07/0807King. html>. Accessed August 22, 2008.

海军当前的企业版本⑫及其在计划层面的详细体系架构值得称赞。现在,他们必须保证他们现在的具体目标和端对端体系架构已经被提炼、传达和广泛接受。此外,必须保持当前状态到预期的最终状态的融合和过渡。

注释

① ADM Gary Roughead, USN, Chief of Naval Operations; Gen James T. Conway, USMC, Commandant of the Marine Corps; and ADM Thad W. Allen, Commandant of the Coast Guard. 2007. *A Cooperative Strategy for 21st Century Seapower* [Maritime Strategy], Washington, D.C., October. Available at <http://www.navy.mil/maritime/MaritimeStrategy.pdf>. Accessed April 30, 2009.

② Honorable Donald C. Winter, Secretary of the Navy. 2008. 2008 Posture Statement of the Honorable Donald C. Winter, Secretary of the Navy, Washington, D.C., February 28. Available at <http://www.navy.mil/ navydata/people/secnav/winter/2008_posture_statement2.pdf>. Accessed April 30, 2009.

③ Admiral Vern Clark, USN, Chief of Naval Operations, and General Michael W. Hagee, USMC, Commandant of the Marine Corps. 2005. "FORCEnet: A Functional Concept for the 21st Century," Department of the Navy, Washington, D.C., February. Available at <http://www.navy.mil/navydata/policy/forcenet/forcenet21.pdf>. Accessed April 30, 2009.

④ CDR Philip Turner, USN, PMW-160.5, Assistant CANES [Consolidated Afloat Networks and Enterprise Services] Program Manager. 2007. "The CANES Initiative: Bringing the Navy Warfighter onto the Global Information Grid," *CHIPS,* October-December.

⑤ 进一步讨论见 Open Architecture Enterprise Team, Program Executive Office Integrated Warfare Systems, 2008, The Fourth quarterly Report to Congress on Naval Open Architecture (NOA), Department of the Navy, Washington, D.C., November.

⑥ National Research Council. 2005. *Navy's Needs in Space for Providing Future Capabilities,* The National Academies Press, Washington, D.C., pp. 216-217.

⑦ Naval Surface Warfare Center, Dahlgren Division. 2004. *Open Architecture (OA) Computing Environment Design Guidance, Version 1.0,* Naval Surface Warfare Center (Dahlgren Division), August 23. Available at <http://www.nwsc.navy.mil/TIE/OACE/docs/OACE_Design_Guidance_v1dot0_final.pdf>. Accessed April 30, 2009.

⑧ Naval Surface Warfare Center, Dahlgren Division. 2004. *Open Architecture (OA) Computing Environment Design Guidance, Version 1.0,* Naval Surface Warfare Center (Dahlgren Division), August 23. Available at <http://www.nwsc.navy.mil/TIE/OACE/docs/OACE_Design_Guidance_v1dot0_final.pdf>. Accessed April 30, 2009.

⑨ Program Executive Office for Integrated Warfare Systems and Open Architecture Enterprise Team. 2007. *Emerging Trends Affecting Future Naval Acquisitions,* Version 7, Washington, D.C., February.

⑩ "Emerging Trends Affecting Future Naval Acquisitions," Program Executive Office for Integrated Warfare Systems, 7.0, and the Open Architecture Enterprise Team, February 2007.

⑪ Victor Ecarma. 2009. "DON Enterprise Architecture Development Supports Naval Transformation," *CHIPS,* Vol. 27, No. 1, January-March, pp. 30-32. Available at <http://www.chips.navy.mil/archives/09_Jan/PDF/ enterprise_architecture.pdf>. Accessed April 30, 2009.

⑫ Victor Ecarma. 2009. "DON Enterprise Architecture Development Supports Naval Transformation," *CHIPS,* Vol. 27, No. 1, January-March, pp. 30-32. Available at <http://www.chips.navy.mil/archives/09_Jan/PDF/ enterprise_architecture.pdf>. Accessed April 30, 2009.

海军信息安全研究发展计划建议要素

网络级

因特网和全球信息栅格的核心结构是由那些易被利用标准协议组成。老练的对手,熟练掌握网络开发和网络攻击的技术,可以设计难以检测到的漏洞。开发和维护可生存的网络需要安全的网络功能 (路由、寻址) 以防止被攻击,和确保正确的、真实的路由和寻址,以及对抗成功攻击的反制措施。海军可以在这个区域开展的研究实例如下:

● BGP/DNS 协议 "硬化"。边界网关协议 (BGP) 和域名系统 (DNS) 是所有因特网协议通信负责路由和命名服务的核心网络协议。尽管这些协议已建立并已在互联网核心使用多年,但一系列长期存在的漏洞影响着他们,研究机构已就协议的补丁和升级问题进行了广泛而快速的讨论。许多专家都认为,这些核心协议目前并不安全,这意味着它们可能被利用,以不可检测到的方式重新路由通信到未经授权的目的地。① 美国国土安全部 (DHS) 正在进行的许多研究计划和美国国防高级研究计划局以前的研究,已经开发了 BGP DNS 的安全实施,但这些都没有得到充分的审核和广泛部署。管理和预算办公室最近授权联邦政府采用安全的 DNS。② 海军应该带头采用安全的 DNS。

● 网络过滤。当前的网络过滤策略往往是基于规则的或特定签名。DARPA 和美国国家科学基金会 (NSF) 进行的大量研究项目已经开发出基于内容的和面向连接的异常检测来检测入侵攻击和敏感信息泄露。图 F.1 提供了一种保护 Web 服务免受跨站点脚本攻击的方法。高速网络和加密通道加剧了内容检查的问题从而使问题更加复杂化。因此，网络过滤前景可能不太乐观，这迫使我们寻求利用更接近于网络终端分布式计算节点的技术。

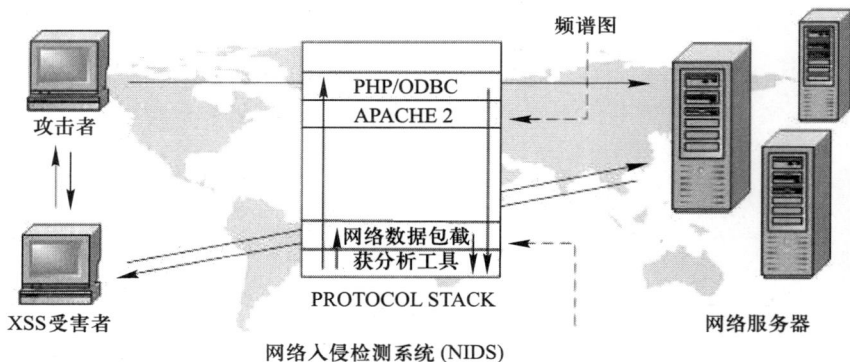

图 F.1 网络层内容传感器和过滤器示意图。

注: 缩略语定义见附录 A

● 网络可视化。目前，提醒网络运营商攻击条件的工具，是面向文本的、冗长的，这使得了解网络状态的任务繁重，而且容易出错。网络可视化工具，利用一个人的能力，快速处理可视化线索进行模式识别和异常检测。DARPA 先前和正在进行的工作已开发出网络可视化工具，提高了网络运营中心检测和应对攻击的能力。

● 弹性网络。在保护的范畴，即使在遭受严重的拒绝服务攻击时，弹性网络也可以确保网络能够继续提供服务。DARPA 和 NSF 以前在覆盖网络方面进行的工作提供了智能网元来检测拒绝服务攻击，并按服务需求的临界值进行流量调控。

● 来源归属。因特网的一个基本限制是，连接基本上是匿名的。因特网的核心设计是建立一个简单的方法，将地理上和逻辑上分开的不同网络进行简单区分，并且每个网络建立各自独立的路由基础设施。其结果是，尤其管理特定网络的权限是不友好的时候，很难确定连接或攻击实际上是从哪里来的。来源归属仍是一个有待继续研究的领域，该研究由情报高级研究项目活动 (IARPA) 资助。

● 诱饵联网。老练的对手往往在进行真正攻击前会进行基于网络的侦察之前。诱饵网络的存在是一种有效的策略，它引诱对手攻击一个与真正的海军部队网络隔离的鱼缸网络, 从中可以监视对手的方法、行为和资源。此外, 诱骗网络还可以向敌人提供巨大的伪造网络以混淆、迷惑敌人的攻击策略和定位。除了在 "蜜网" 和 "蜜罐" 领域的工作, 这一领域的研究开展甚少。最近, 在美国国土安全部 (DHS) 和陆军研究办公室 (ARO) 部分资助下, 开展了一些研究。图 F.2 提供了一个无线保真 (Wi-Fi) 网络视图实验广播诱饵注入框架示意图。

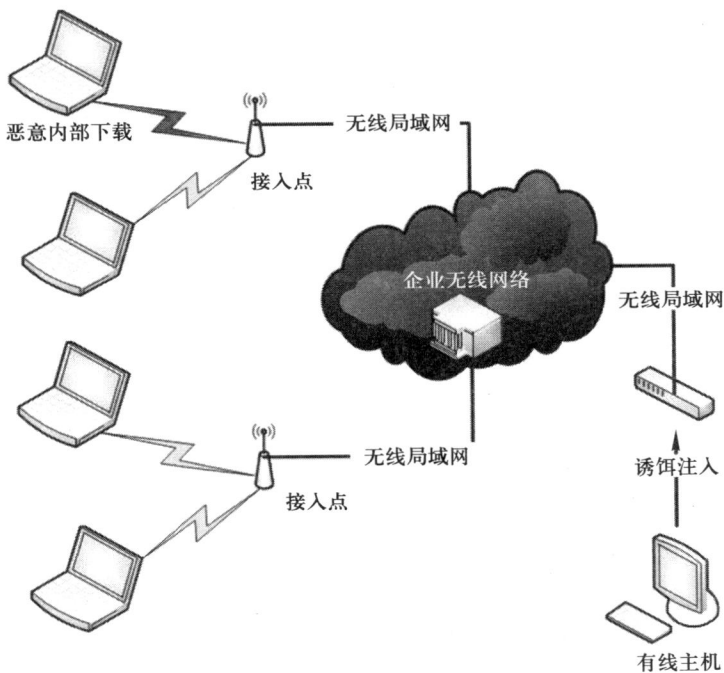

图 F.2　一个引诱或诱饵注射框架

系统级

由许多具有不同的安全等级的分布式分量构成的信息技术系统, 面临着严重的信息安全保障的问题。大量的通用组件的集合既可能面临单个公共攻击带来的严重的威胁, 甚至造成灾难性后果, 然而也可能被用以提高系统安全性。这方面的研究课题包括以下内容:

● 安全构成。目前，一个系统中的单个易受攻击软件组件会危及整个系统的完整性。由美国国家科学基金会资助，分布式组件安全组成的研究，目的是确保组件作为系统的组成部分，能保障系统整体或有限的安全性。这种方法假定，在长远的 GIG 愿景的背景下问题已经得到了解决。这里，有效组成需要深厚的应用知识。问题远比简单地定义一组接口的策略更加困难。

● 人工多样性。军队和联邦网络作为一个整体正在积极寻求实现均一同质化。这使它们更易于管理，但同时普遍易受单一传染源传染。为了打破这种单一性，增加弹性，由 DARPA 资助的人工多样性技术将多样性引入多元化的计算架构中；这些技术允许应用程序进行互操作，但改变了代码的结构特性，从而使同一软件在不同实例中表现出不同的实现。

● 协作软件团体。当单一种植造成上述风险时，一些 DARPA 资助的应用程序团体和由美国国家科学基金会资助的相关研究工作已经把这个漏洞看成潜在的 IA 资产。这是通过使网络上通用软件的每个实例的传感器，动态地共享攻击数据，以响应地硬化软件的其他实例应对可能遇到的攻击。该研究在美国国家科学基金会和美国国土安全部的共同资助下，主要致力于开发一些安全警报共享 (即维护跨管理域的隐私) 相关的技术。

● 隐私保护技术。系统安全要求数据的机密性。逻辑加密作为一个基本功能是不能胜任的，特别是在数据多级相互信任或不信任的跨域共享的应用程序中更是不足以完成任务的。这一概念延伸至查询处理，由此，组织提出一个问题，即寻找一些主题数据也可能视为机密。目前 IARPA 赞助的安全多方计算和隐私保护技术的工作，允许飞地安全、私密地共享数据而不透露对方寻求的信息。这些技术维护信息严格区域化的同时，有望实现信息的有效共享。

主机级

最根本的 IA 挑战仍然是在网络的终端。核心主机的软件平台和应用程序存在源源不断的已知漏洞。这些漏洞可能会被拥有必要的技能和资源对手加以利用。在上一代，面向对象编程的技术原理得以开发，由此系统可以动态地架构允许软件的重复使用和软件组件之间被动及主动数据的共享的对象。嵌入在由面向对象的设计方法所提供的设计能力是动态通信、解释和分布式计算组件间的软件的执行，也就是，现代的面向对象的系统提供的代码注入平台。注入的代码可能是良性的和有用的 (如 JavaScript 绘制的网页信息表)，或是恶意和有害的 (如通过一个恶意的电子邮件附件嵌入主机的木马)。此外，由于客户需求和时间等市场因素的驱动，商业应用程序供应商通常会将未经充分测试、评估和调试的产品推向市场，从而为老练的对手提供利用未被供应商产品发布的软件设计缺陷的机会。

大部分商业安全市场的反应是提供基于签名的检测和过滤解决方案，要求已知软件开发的签名不断更新。老练的对手的反应是对尚未签名的软件展开新的攻击。这种 "猫捉老鼠" 的游戏非常易于管理，因为从发现漏洞到利用漏洞进行攻击需要一周甚至数天的时间。新的攻击工具平衡转向攻击者主要在两个方面。首先，攻击工具的设计模式已经开发并允许对单日零攻击向量快速反应。其次，工具被设计为允许生成一系列可隐藏的变体，从而部署防御，以寻找巨大数量的攻击签名。总之，虽然目前的 IA 架构设计依赖于这样的防御，但是基于签名的防御技术将成为过去。

此外，近海外包软件和硬件的发展，往往会为成熟的对手故意将其攻击嵌入到国防部定期采购的商用现货中提供充足的机会，且这一问题随着硬件和软件的发展日益加剧。为应对这一商业 IT 实践面临的固有的危险，许多强化主机和改善软件安全的先进概念被广泛研究。主题包括新的安全软件的创建和自动化安全策略的实现。研究者应用许多方法开发安全软件，这些并不能充分地解决庞大的遗留软件，这些软件负责运营现代企业系统和因特网。处理改进广泛使用的系统安全几个有代表性的研究主题，列举如下：

● 易混淆恶意软件反避税技术。鉴于基于签名的技术已过时，新的识别嵌入在内容流的恶意软件有效方法上需要跟上老练的对手的进步。丰富的内容流，包括网页、文档和其他媒体，同时可能包括传输给收件人计算机的代码。自动确定代码的意图以区分恶意和有用的函数，仍然是一个开放的研究问题。此外，敌人已经巧妙地混淆和嵌入超乎预期的恶意代码于内容流中。如何检测这些秘密攻击仍然是一个开放的研究问题。

● 安全虚拟化。虚拟化技术已被广泛应用于服务器整合，并开始应用于支持多级安全需求。然而，同时虚拟化也可以用来将不受信任的应用程序从主机操作系统隔离。例如，如果一个应用程序与不可信网络 (如未分类的因特网协议路由器网络) 通信，或运行不可信的内容 (如来自不受信任来源的媒体文件), 或者来源未知, 那么程序可能会被认为是不可信的。DARPA 资助的工作已经开发了应用级虚拟化程序, 虚拟化应用程序对用户是透明的, 可帮助用户从可信系统和网络中隔离不受信任的应用程序。

● 自我修复软件。在设计监控和建模自身行为的软件方面, 已取得实质性的进展。最近, 由美国国防高级研究计划局和美国空军科学研究办公室 (AFOSR) 资助的异常检测技术的开发工作, 取得了不错的进展。因此, 软件类似于人类的免疫系统, 具有自我操作的意识, 以检测违反其完整性和攻击后自我修复, 使其在遭受攻击后更加健壮。

● 硬件生命周期防篡改。DARPA 对集成电路程序的信任在于开发来检测芯片级设计的损害和实现供应链生命周期的攻击的技术。该项工作需要有更多的资助, 以开发防篡改硬件设计。

用户级

许多 IA 研究与开发人员认为, 由于误差和错误, 但也有蓄意的渎职, 系统用户构成了核心安全威胁。内部攻击的威胁早已知晓, 但却没有得到充分解决。现在越来越多的文献开始认识到这一棘手的安全问题。在这一领域, 需要进行大量的研发, 主要包括:

● 基于行为的安全性。最有效的探测内部威胁的技术之一是分析用户行为模式中对如文件服务器、打印机和输出连接等网络资源不适当的访问。MITRE 公司正在进行的工作采用贝叶斯分析用户行为来检测某些内部威胁, 这种方法具有极高的合理性和可靠性。目前还需要进行更多的研究来理解用户的意图, 以检测恶意或危险行为。这一领域有限的工作由 DHS 和 ARO 资助。

● 不确定性防御。不确定性防御是一个新兴领域, 最初由 IARPA 和 AFOSR 资助, 本课题利用部署环境中的不确定性来避免被敌方利用。目标环境的知识和信息足够 "混乱", 迷惑攻击者无法辨别预定的最终目标。为连接到网络的实体故意伪造一个错误的服务器操作系统映像便是一个典型的例子。另一个例子是将假文件智能地放在网络中, 如果文件泄露, 组织将会意识到盗窃但敌人不会意识到他们的错误的伪装。许多其他的利用不确定性原则混淆和迷惑敌人的机会也是可能的。当然, 这些策略的使用需要管理和控制过程, 以确保所需的活动不会被意外中断。

特权用户级

也许最棘手和困难的安全问题正如格言"谁检查检查者?"所说,因为安全人员是拥有访问企业系统所有关键功能最高权限的用户。最近这一领域一个渎职的例子,便是涉及一位系统管理员掌握了旧金山的整个管理 IT 基础设施的权限,并拒绝所有其他系统管理员的访问。③关键武器系统设计时,便使用了安全系统和禁止单个内部人员进行未经授权操作的技术,但是研究机构几乎没有开展任何工作来解决核心问题,即如何确保安全系统免受安全和操作人员最深层次的内部人员和那些潜在的最高风险内部威胁的影响和破坏。

● 基于角色和行为的访问控制。IA 的一个基本原则是数据和应用程序只能由经过身份验证和授权的用户按业务需求进行访问。在复杂的网络环境中,基于凭证 (ID、密码和别针) 的访问控制的普遍使用严重不足。基于角色的访问控制考虑将用户的逻辑角色与所使用的具体数据和应用程序特定的角色结合,定义为一个体系。NSF 在这一领域的研究,由 DARPA 和一些工业实验室进行了扩展,他们将"行为"与用户的证书结合,作为授予访问网络资源的权限的一种手段。

● 自我保护的安全技术。几乎以相同的方式,网络受到拒绝服务攻击的威胁,基于主机的安全技术受到拒绝传感器攻击的威胁。用户可能会偶然禁用主机安全系统,或者系统管理员可能绕开安全子系统的设计。这一威胁渐渐开始被研究团体认可,并提出了一些安全技术的工作建议,以保护系统免受这一威胁攻击。桑迪亚国家实验室需要促进核武器安全技术的发展来承担与内部威胁相关的研究领域的资金不足。

注释

① Joel Hruska. 2008. "Gaping Hole Opened in Internet's Trust-based BGP Protocol," *Ars Technica,* August 27. Available at <http://arstechnica. com/security/news/2008/08/inherent-security-flaw-poses-risk-to-internet-users.ars>. Accessed January 22, 2010.

② 总统执行办公室,管理及预算办公室,于华盛顿哥伦比亚特区,2008 年 8 月 22 日,对联邦首席信息官提出采用的域名安全系统标准应依照国家标准与技术协会特殊发行的 800-53r1,这些要求于 2009 年 12 月应全部实现。参见 Ron Ross, Stu Katzke, Arnold Johnson, Marianne

Swanson, Gary Stoneburner, and George Rogers. 2006. *Recommended Security Controls for Federal Information Systems,* Special Publication 800-53, Revision 1, Computer Security Division, Information Technology Laboratory, National Institute of Standards and Technology, Gaithersburg, Md., December. Available at <http://csrc.nist.gov/publications/nistpubs/800-53-Rev1/800-53-rev1-final-clean-sz.pdf>. Accessed April 30, 2009.

③ Ashley Surdin. 2008. "San Francisco Case Shows Vulnerability of Data Networks," *Washington Post,* August 11, p. A03. Available at <http://www.washingtonpost.com/wp-dyn/content/article/2008/08/10/AR2008081001802.html>. Accessed March 16, 2009.